畜禽病经效土偏方

王钧昌　编著

U0207970

金盾出版社

内 容 提 要

本书由宁夏农学院牧医系王钧昌教授编著。书稿在原《畜禽病土偏方治疗集》的基础上,经过作者多年的诊疗实践,筛选了原有处方,又收集增补了全国各地发表的安全有效土偏方汇集而成。书中共选编了128种疾病,2 200多个方剂。所用药材大多简单、方便、价廉、易得。可供广大农牧民、养殖户及畜牧兽医技术人员阅读参考。

图书在版编目(CIP)数据

畜禽病经效土偏方/王钧昌编著. —北京:金盾出版社,1998.11

ISBN 978-7-5082-0765-0

Ⅰ. 畜⋯　Ⅱ. 王⋯　Ⅲ. 中兽医-验方-汇编　Ⅳ. S853.9

金盾出版社出版、总发行

北京太平路5号(地铁万寿路站往南)

邮政编码:100036　电话:68214039　83219215

传真:68276683　网址:www.jdcbs.cn

封面印刷:北京精彩雅恒印刷有限公司

正文印刷:北京天宇星印刷厂

装订:北京天宇星印刷厂

各地新华书店经销

开本:787×1092 1/32　印张:8　字数:175千字

2009年6月第1版第6次印刷

印数:54001—62000册　定价:13.00元

(凡购买金盾出版社的图书,如有缺页、倒页、脱页者,本社发行部负责调换)

前　言

中国是世界历史最悠久的国家之一,各族人民创造了光辉灿烂的文化,中兽医学就是祖国文化遗产的重要组成部分。我国各族人民几千年来在同家畜家禽疾病作斗争的实践中积累了许多宝贵的经验,它是一个伟大的宝库,对我国畜牧业生产发挥了重大作用。

中兽医学主要包括"医"和"药"两部分。"药"包括药物和方剂,方剂有正规方、偏方和土方三类。

土偏方是广大群众喜欢使用的,它既简便有效,又易就地取材。组成这些土偏方的药物,有些是到处可见、随手可得的中草药,有些本来就是人民日常食物的一部分。这些被证明能够治病的土偏方,是兽医工作者和劳动人民在长期医疗实践中积累形成的,同样是祖国文化遗产的重要组成部分。在目前我国广大农村医药还不足的情况下,这些土偏方是很值得提倡和研究应用的。

《畜禽病经效土偏方》一书,是笔者在 1981 年由宁夏人民出版社出版的《畜禽病土偏方治疗集》(裴文炳、王钧昌编著,裴先生已于 1986 年病逝)的基础上,经过多年的诊疗实践,筛选了原有处方,又收集增补了全国各地发表的,并经笔者验证安全有效的土偏方汇集而成的。所以,本书也是群众智慧的结晶。

书中主要选编了治疗大家畜牛、马、骡、驴和中家畜羊、猪等疾病的土偏方,也选编了部分治疗小动物兔和家禽疾病的土偏方。共选编疾病 128 种,土偏方 2 200 多个。

由于笔者水平有限,缺点或错误之处难免,希望读者在医疗实践中继续验证,并提出批评和指正意见。

王钧昌

1998 年 9 月 2 日

目　　录

第一章　消化系统疾病土偏方

口炎（口疮）

【症　状】　粘液性口炎：口腔粘膜潮红、肿胀、增温，流涎，呈白色泡沫状附于口唇边缘或呈牵丝状下垂，有灰白色舌苔，口臭，切齿后方硬腭粘膜肿胀特别明显。滤泡性口炎：在口角处、唇内面及舌缘处发生小结节，小结节破溃后形成小的烂斑。羊口疮严重时唇、鼻、口角都起泡。马的溃疡性口炎，常在口腔粘膜上形成数个经久不愈的大的溃疡。

【治　疗】　可选用下列处方：

方1　取经日晒夜露之西瓜皮，研末后加少许冰片，涂抹患部，1日数次。同上药可用蜂蜜调成稀膏涂抹，1日2次。

方2　儿茶3份，柿霜5份，冰片、枯矾各2份。共研细面，撒在溃疡面上。

方3　黄柏适量，加蜂蜜少许，用铁锅微火略炒。按口疮面大小适量敷之，每日1～2次，一般3～5次可愈。

方4　生姜捣烂取汁涂患部，或干姜（炒黑）6份，黄连1份，共为细末，或干姜、黄柏等量研细末，搽患部。

方5　百草霜（锅底灰）20份，加食盐3份，共为末，涂患部；或百草霜5份，冰片1份，共研细末，5%盐水洗口腔后涂布。

方6　白矾、食盐等份，共研细末涂患部；1%明矾液洗口腔。止涎。

方7　1%食盐水或2%～3%小苏打液，每日数次洗口腔。

方 8 鲜桑树汁(切开桑树皮,渗出树汁)适量,涂抹患部,1 日数次。涂汁后再撒上研细的百草霜适量,效果更好。

方 9 大黄、甘草各等量,加水煎成浓汁洗涤患部,再用大黄煅炭研末,涂撒烂处。

方 10 向日葵秆芯适量,烧炭研末,用香油调成稀糊,涂于患部,日夜数次。

方 11 霜后茄子,晾干研末,撒于患部,1 日 3 次。

方 12 白扁豆 50 克,熬汁洗创面,然后撒黄连、冰糖各等份研成的细末。

方 13 青黛 31 克,冰片 3 克,共研末,贴患部。

方 14 柿霜 2 份,薄荷 1.5 份,冰片 0.5 份,共同混研细末撒于患部,1 日数次。

方 15 血余(人头发)适量烧灰,用猪油调成稀糊,抹于患部,日夜各 1 次。

方 16 石膏、旋覆花(其茎叶名旋覆梗、金沸草)煅存性各等份,共研细末,香油调抹患部,日夜数次。

方 17 大黄 2 份,炒食盐 1.5 份,枯矾 1 份,共研细末,撒于患部,1 日数次。

方 18 侧柏枝(烧炭存性)2 份,枯矾 1 份,共研细末,撒于患部,1 日 2 次。

方 19 山羊胡须(烧炭存性)1 份,山羊角(烧炭存性)2份,共研细末,用植物油调抹患部,1 日 3 次。

方 20 碱面适量,撒于患部后再涂一薄层蜂蜜,1 日 2次。

方 21 百草霜 20 份,人中白(尿沉结的固体物)1 份,骨头焙干 10 份,共研细末。用盐水洗净患部,撒上药末。

方 22　蟾蜍(癞蛤蟆)1 个(阴干焙焦),冰片 3 克,共研细末,患部洗净后撒上药末。

方 23　人中白 1 份,香油 5 份,调成稀糊,涂患部。

方 24　生姜 30 克,绿豆 100 克,大枣 30 枚,加水煎汁,灌服。

方 25　茜草 50～150 克,煎汁内服。

食管梗塞(草噎)

【症　状】　病畜突然停食,不安,咳嗽,摇头伸颈,流涎并有干呕和吞咽动作。牛常发生肚胀;马喝水从口鼻逆流而出;猪常垂头张口,流涎气短。病程较长且脱水时,唾液流出渐减。颈部食管梗塞,触诊可摸到梗塞部,并有疼痛反应;胸部食管梗塞,触压有轻微波动感。食管探诊时,胃管插至梗塞部有抵抗感觉,病畜表现剧烈疼痛。

【治　疗】　主要是消除病因,加强护理,治好炎症。

方 1　当梗塞发生不久,梗塞物仍在咽部或上部食管时,可用手沿食管向咽部方向推动,将梗塞物缓慢推出。也可灌入香油或白酒或煎竹叶汁少许,再挤压阻塞物。

方 2　将缰绳短拴在后肢系凹部,尽量使马头下垂,然后驱赶患畜快速前进,往返运动 20～30 分钟,借助于颈肌收缩,往往可将梗塞物送入胃内而治愈。

方 3　胸部食道阻塞时,插入胃管灌入少量油类,将阻塞物推入胃内。如推不动时,可在胃管外端接唧筒式灌肠器的接头,灌肠器放入水盆内连续向食道中打水,以便冲除阻塞物。也可将胃管接上打气筒,向食道内打气,乘食道扩张时推进胃管,将阻塞物推入胃内。

阻塞物排除后,1～2 日内停喂草料,可喂少量稀粥或麸皮水,待炎症消失后再喂草料。无胃管时,也可用粗如手指的新麻绳蘸油或涂上凡士林,插入食道推送阻塞物。此法要慎重试用。

消化不良

【症　状】　食欲减退,肠音不整,排粪迟滞或拉稀粪,口腔湿润或干燥,舌面被有舌苔,有的出现轻微腹痛。全身症状多不明显。

【治　疗】　可选用下列处方:

方1　大蒜70克,白萝卜500克,捣碎混匀。大畜1日1次灌服,中畜服1/2量,小畜服1/5量,5日为一疗程。

方2　鲜马齿苋1千克,鲜蒲公英500克,捣烂混匀内服或煎汁内服。大畜1日1次灌服,中畜服1/2量,小畜服1/5量,5日为一疗程。

方3　良姜、海螵蛸各66克,白及、石菖蒲各33克,共研细末,开水冲调。大畜1日1次灌服,中畜服1/4量,小畜服1/10量,5日为一疗程。

方4　大蒜99克,黄连33克,共同捣烂混匀,开水冲调。大畜每日1次灌服,中畜服1/5量,小畜服1/10量,5日为一疗程。

方5　肉豆蔻、生姜各33克,小茴香、黄米锅巴各132克,共研细末,开水冲调。成驼1日1次灌服,5日为一疗程。

方6　丁香、草果仁各17克,萝卜、小米各1千克,共同捣碎煮熟,连汤候温。0.5～1.0岁驼羔1日1次灌服,5日为一疗程。

方7　当归、白胡椒各10克,生姜17克,红糖33克,加水煎汁适量。成年猪、羊1日1次灌服,4日为一疗程。

方 8　生姜 17 克,葱白 30 克,生白萝卜 250 克,共同炒热后包干净布中拧汁。成年猪羊 1 日 1 次灌服,幼小畜酌减,拧汁后的药渣连布扎敷肚脐部。4 日为一疗程。

方 9　五灵脂 17 克,炒莱菔子 33 克,共同煎汁两次,混合汁约 250 毫升。成年猪羊 1 日 1 次,适温灌服,仔畜酌减,4日为一疗程。

方 10　芒硝 200～300 克,香油 250 毫升,加水 2.5 升。大畜 1 次灌服。粪干结时用。

方 11　5%盐水 2～3 升。大畜 1 次灌服。粪干结时用。

方 12　大蒜 5～10 头,捣碎加水适量。大畜 1 日 1 次灌服,猪酌减,4 日为一疗程。

方 13　木炭末 32～62 克,或百草霜 20～34 克,开水适量冲调,候温。大畜每日 1 次内服,4 日为一疗程。用于水泻。

方 14　小苏打、芒硝各等份。病猪每次服 32 克,用 0.5升开水冲调,候温灌服,也可喂服。粪干结时用。

方 15　醋 250～500 毫升,加水 0.5 升。大畜每日 1 次内服,5 日为一疗程。用于消化机能紊乱,以胃为主的消化不良。

方 16　小苏打、食盐各 50～80 克,大蒜 4～6 头(捣碎),灶心土(伏龙肝)24～50 克,陈皮粉 20～30 克,加水 1 升。大畜每日 1 次灌服,中畜服 1/2 量,小畜服 1/10 量。用于肠机能紊乱为主的消化不良。

方 17　焦椿树皮 130 克,焦黑豆 500 克,灶心土 100 克,共研细末,开水冲调,候温。大畜 1 日 1 次灌服,5 日为一疗程。粪稀溏时用。

方 18　砖茶 30～150 克,研成细末,开水冲调,候温。大畜 1 日 1 次灌服,5 日为一疗程。粪稀溏时用。

方 19　红高粱 0.5～1.0 千克,炒黄做成稀粥。大畜 1 次灌服,3日为一疗程。粪稀日久体虚时用。

方20　生姜、大枣各100克,焦山楂、红糖各130克,加水煎汁两次混合,共约1升,候温。大畜1次灌服。

方21　炒白面1千克,白矾100克,炒盐16克,研细混合。大畜每次用1/3,加开水调成稀粥,候温灌服,每日1～3次,3日为一疗程。粪稀体虚时用。

方22　食用油35～160毫升。1次给猪灌服或喂服。粪干结时用。

方23　柿饼5～10个,捣碎开水冲调。大猪1日1次喂饲,5日为一疗程。粪稀时用。

方24　炒高粱面130克,木炭末35克,百草霜15克,开水冲调,候温。大猪1日1次灌服或喂服,4日为一疗程。胃肠虚弱泻泄时用。

方25　火麻仁(麻籽仁、大麻仁)65克研末,开水冲调,候温。大猪每日1次灌服或喂服,3日为一疗程。粪干结时用。

方26　醋65毫升,盐16克,混入饲料中喂猪,1日1次,5日为一疗程。

方27　白萝卜子30克研末,开水适量调稀,候温。大猪每日1次灌服,3日为一疗程。肚胀肚疼时用。

方28　白萝卜500克,食盐6克,加水煎汁约0.5升,候温,大猪1日1次灌服,4日为一疗程。

方29　灶心土、红糖各65克,小茴香30克,共研细末,开水冲调,候温。大猪每日1次灌服,5日为一疗程。粪稀肚胀肚疼时用。

方30　熟鸡蛋2个,生姜30克,共同捣和。大猪1日1次灌服,3日为一疗程。粪稀、胃肠虚弱时用。

方31　大蒜30～60克,鲜苦菜100～150克,白酒30～

50 毫升,混合捣碎,开水适量冲调,候温。大畜每日 1 次灌服,3 日为一疗程。

方 32　枣树皮烧黑存性,百草霜、白头翁炒黄各等份,共研细末。成年猪羊每次用 35 克,开水冲调,候温灌服,1 日 2 次,4 日为一疗程。粪稀溏时用。

方 33　百草霜 35 克,掺入饲料内喂服。猪羊每日 1 次,至粪稀转为正常为止。

方 34　大蒜 15 克捣碎,猪苦胆 1 个,绿豆面适量,共同混合,做成杏核大的药丸。成年猪羊每次灌服 1 丸,1 日 2 次,3 日为一疗程。

方 35　石榴皮 25 克,煎汁 2 升,乘热加入高粱面 0.5 千克,木炭末 10 克,调成稀粥。大猪每日 1 次喂饲,3 日为一疗程。粪稀时用。

方 36　鸡内金 15 个(炒黄),莱菔子 30～50 克,麦芽 50～80 克。共研末加水灌服。

方 37　韭菜 800 克,食盐 60 克。调和后 1 次喂服。

方 38　鸡内金 15 克,小茴香 10 克,共研末混食内给猪 1 次喂服。

方 39　莱菔子 50 克,食盐 25 克,醋 50 毫升。莱菔子研末加盐、醋给猪喂服。

方 40　苍术 30 克,厚朴 40 克,陈皮 35 克。煎汁,猪 1 次内服。

方 41　生萝卜 500 克,生姜 15 克,食盐 2 克,瓜蒌 2 个,煎汁去渣,加酱油 30～60 毫升,给猪 1 次喂服。

急性胃卡他

【症　状】　食欲减少,便秘和精神忧郁。病畜完全不吃或吃得很少,饮水也少。常有食欲错乱和异嗜癖的病状。打哈欠,卷上唇,口臭,多粘涎,偶有轻微肚疼。胃寒时口色淡白无光泽,苔薄白,脉迟细;胃热时口色红燥,苔薄黄,脉细数。肠蠕动微弱,排粪困难,粪便干小,呈暗色,表面被有薄层粘液。尿量减少,体温正常,有时稍升高(0.2～0.5℃)。脉搏稍增加,心跳节律不齐。

胃酸过多性胃卡他可闻到口腔有一种难闻的、带有甘臭的气味,口腔稍湿润。胃酸减少或胃酸缺乏性胃卡他病畜口腔有腐败的气味,口腔粘膜干燥。

反刍兽真胃急性卡他,可见反刍缓慢或停止,不断嗳气,瘤胃运动减弱。触诊真胃,明显胀大,鼻镜干燥,泌乳量减少。病畜很快脱水,精神沉郁,结膜潮红,粪球干小、被覆一层光亮的黑色薄膜。

【治　疗】　可选用下列处方:

方 1　大蒜 3～5 头,捣为蒜泥,食盐 50 克,白酒 200 毫升,用水调和后,大畜 1 次灌服。

方 2　炒谷子及高粱各 250 克,混合后分 2 次喂大畜。

方 3　猪胰脏 1 个(捣碎),猪胆(用汁)1 个,食盐 50 克,温水冲调。大畜 1 次灌服,中畜服1/2量。慢性患畜同方分两次服,间隔 12 小时,连用 5 日,中畜用1/5量。

方 4　姜 100 克,鲜萝卜 250 克,切为细末,加红糖 200 克,开水冲调,候温,大畜 1 次灌服。

方 5　艾叶 15 克,灶心土 150 克,共煎汁 1 升;生姜 15 克,生葱 100 克,大蒜 40 克,共捣碎,混入上述药汁中,候温。大畜 1 次灌服,隔日 1 次,4 次为一疗程。治胃寒肚疼不食。

方 6　葱白 60 克,炒盐 30 克,神曲 60 克,共同捣碎,再加入醋 300 毫升,红糖 120 克,水 1 升,煎开,候温。大畜 1 日

1次灌服,7日为一疗程。胃寒不食、粪干稀交替时用。

方7 椿树籽500克,大黄50克,共研细末,加香油300毫升,开水冲调,候温。大畜1次灌服。胃热粪干结时用。

方8 干柿子150克,车前子130克,高粱根灰100克,白糖150克,共研细末,开水冲调,候温。大畜1次灌服,5日为一疗程。胃热腹泻时用。

方9 炒白术18克,生扁豆15克,紫皮蒜30克,厚朴10克,共研细末,开水冲调,候温。猪羊1次灌服,7日为一疗程。

方10 大蒜20克,黄柏18克,共同捣碎,用高粱面粥1碗调匀。猪羊隔日1次灌服,10日为一疗程。骆驼服8倍量。胃热腹痛腹胀及溏泻时用。春末以葱等量代蒜。

方11 生山药25～35克,生、熟山楂各30～40克,元明粉15～20克,共研细末,用稀高粱面粥两碗调匀温服。猪羊1日1次喂饲,3日为一疗程。胃寒日久粪干结时用。

方12 桃仁20克,红花18克,升麻10克,共研末,用乌梅65克煎汤两碗调匀,候温。猪羊1次灌服,7日为一疗程,马用量加5倍,牛用量加6倍。

方13 二丑9克,生姜15克,大蒜12克,灶心土15克,共研细末,用大枣20个煎汤两碗调匀,候温。猪羊1日1次灌服,3日为一疗程,马牛用5～6倍量。

方14 砂仁、青皮、紫皮蒜各45克,共同捣碎,用陈醋1碗烧开冲调,候温。大畜隔日1剂,灌服,猪羊服1/4～1/6量,5剂为一疗程。

方15 白胡椒1份,黄连1.5份,小茴香、滑石粉(口温低者以灶心土代之)各3份,共研细末,开水调服。粪稀恶臭时加生山楂1.5份。猪羊每次服60～75克,马牛服450～550克,每日服1次,4日为一疗程。

方 16 胆南星(炒黄)3 份,朱砂 1 份,黑胡椒 0.5 份,五味子 4 份,鸡蛋壳(焙黄)2 份,葱白 8 份,共同捣碎,开水冲调,候温。猪羊每次灌服 50~100 克,马牛 300~500 克,隔日 1 剂,6 日为一疗程。服药后用干草按摩全身。

方 17 干刀豆 2 份,鸡蛋壳 1 份,车前子 1.5 份,共研细末,开水冲调,候温。猪羊每次灌服 60~80 克,加酒、醋各 50 毫升为引。马牛量加至 5~6 倍,1 日 1 剂,7 日为一疗程;不愈者,隔 4 日后继服。

方 18 老刀豆壳 4 份,生、熟山楂各 1 份,共同煎汁候温。大畜 1 日 1 剂,灌服 300~500 克;猪羊服 100 克;5 日为一疗程。胃寒、腹胀、食少、粪稀时用。

方 19 蜣螂(屎壳郎、推粪牛、粪爬虫)2 份,紫皮蒜 4 份,共同捣碎。用红枣适量煎汤调药,候温。猪羊 45~65 克,马牛 250~300 克,1 日 1 次灌服,7 日为一疗程。

方 20 干姜 3 份,荷叶蒂 7 份,紫皮蒜 4 份,灯心草、血余灰各 0.5 份,共同捣碎和匀,开水冲调,候温。猪羊服 30~60 克,马牛服 250~350 克,1 日 1 次灌服,5 日为一疗程。不愈者隔 5 日再服。

方 21 大黄 52 克,麦芽 120 克,共研细末,开水冲调,候温。大畜隔日 1 次灌服,4 次为一疗程。胃热、粪干、食少时用。

慢性胃卡他

【症　状】　本病的特征是长期食欲和消化紊乱。病畜后期饮食常完全废绝。口腔粘膜被有粘液和唾液,舌面有白色或黄白色舌苔,口腔常有很大甘臭味,经常发生便秘。肠蠕动缓慢,排泄小干球状被有粘液的粪便。病畜逐渐变瘦和衰竭。粘膜黄疸色,腹部蜷缩,被毛蓬乱,换毛迟延。常打哈欠,卷上唇。

有异嗜现象,倦怠疲劳,容易出汗,体温一般正常。

【治 疗】 可选用下列处方:

方1 松树针叶80～150克,研碎混入饲料中喂服。大畜每日1次,连服7日。

方2 醋250克,盐50克,加水。大畜1次调服。用于胃酸过少。

方3 小苏打50克,芒硝34克,盐17克,加水。大畜1次调服。适用于慢性胃卡他初期。

方4 鲜姜、紫皮蒜各20～50克(捣碎),白酒50～100毫升,水100～300毫升,混合备用。大畜隔日1次灌服,连服5次。

急性肠卡他

【症 状】 急性肠卡他通常与胃卡他并发,临床症状是多种多样的。初期食欲减退,有时渴欲增加,精神不振,肠蠕动音减弱。草食兽在病初便秘,粪呈小干球状,坚硬,被覆一层粘膜。后期下痢。粪便有时呈水状,发出酸臭味,或混有粘液、血丝,病末期肛门失禁裂开。肠蠕动加剧,有轻度的疝痛与不安。体温正常或稍高。有的口粘膜及结膜发黄。若持续下痢,病畜精神高度沉郁,眼球下陷,毛焦欣吊,皮肤弹力减弱,逐渐陷于全身衰竭。

【治 疗】 病初停食1.0～1.5天,并选用下列处方:

方1 芒硝,马100～200克,牛200～300克,羊50～80克,猪25～50克。配成5%溶液,加植物油适量1次灌服。病初清理胃肠用。

方2 建曲、生姜、大枣(去核)各60克,大葱3棵,研末,开水调和,加黄酒200克。大畜1次用量。

方 3　韭菜 120 克,椿白皮、大葱根须各 60 克,加水煮熬,去渣加鲜马齿苋(胖娃娃菜)泥、鲜车前草泥各 90 克(无鲜品可用干的)。大畜 1 次灌服。

方 4　小茴香 30 克,灶心土、红糖各 60 克,开水调服。大畜每日 1 次,连用 2～3 日。

方 5　白头翁、龙胆草各 30 克,黄连 15 克,共为细末。成猪 1 日分 3 次内服。

方 6　灶心土 3 份,焦乌梅 5 份,罂粟壳(御米壳)1.5 份,鸡蛋壳 3 份,共研细末加适量白酒,开水冲调,候温。大畜服 100～150 克,中畜 25～45 克,小畜酌减,1 日 1 次,5 日为一疗程。肠寒粪稀或水泻腹疼时用。

方 7　生姜 100 克,百草霜 120 克,葱 60 克,蒜 50 克,共同捣碎,用滚开的米汤调成糊状,候温。大牛隔日 1 次灌服,骆驼服此量的 1.5～2.0 倍,5 次为一疗程。肠寒、肚胀疼、粪带粘液或污血时用。

方 8　炒麦芽 250 克,干姜(炒黑)60 克,共研细末,开水冲调。大畜隔日 1 次灌服,7 次为一疗程,猪羊服此量的 1/4。肠寒、食少、粪迟滞、肚疼时用。

方 9　炒小米 250 克,炒地肤子(扫帚菜)、炒车前子各 35克,茵陈、红糖各 60 克,共研细末,用红枣 30 个煎汤适量调药,候温。大畜 1 次灌服。肠寒、粪稀、黄疸时用。

方 10　生白矾、大黄各 3 份,干荷叶 6 份,绿豆面 8 份,共研细末炒黄,开水冲调,候温。大畜服 200 克,中畜 60～100克,小畜酌减,1 日 1 次,7 日为一疗程。肠热、腹泻、腹胀时用。

方 11　萝卜丝 500 克,绿豆面 200 克,鸡蛋 8 个(用蛋清),香油 135 毫升混合。大畜 1 日 1 次灌服,5 日为一疗程。肠热日久、体虚、粪干时用。

方 12　糯稻根、焦山楂各 100 克,玉米须 15 克,炒蒲黄 50 克,砖茶 130 克,共煎浓汁适量。大畜 1 日内分 2～3 次服完,连服 7 日为一疗程。肠热脾湿,肾虚肝旺,汗多不渴,粪稀尿少,烦躁不食,有时腹胀腹疼,口臭体困,四肢浮肿,可常服此方。有黄疸时加红枣 30 个。

慢性肠卡他

【症　状】　慢性肠卡他的症状与慢性胃卡他、急性肠卡他相似。

【治　疗】　宜用饮食疗法,加强饲养管理,并选用下列处方:

方 1　小苏打 50 克,芒硝 34 克,食盐 20 克,植物油 300 毫升,加水适量。大畜 1 次内服。以清理胃肠内容物为目的。

方 2　芒硝 150～300 克,配成 5% 溶液,大畜 1 次灌服。粪便干燥时用。

方 3　木炭末、紫皮蒜(捣碎)各 50～80 克,开水适量冲调,候温。大畜 1 次灌服。下痢用。

方 4　百草霜 30～50 克,陈皮 50 克,研末,开水适量冲调,候温。大畜 1 次灌服。下痢用。

方 5　蓖麻油 15 克,食盐 20 克,木炭末 30 克,灶心土 50 克,水 4 升,配成乳剂,隔日内服 1 次。用于大畜。

方 6　山楂(炒黄)、红糖、白糖各 100 克,研末。大畜 1 次调服。

方 7　乌梅 50 克(烧炭),石榴皮 60 克(焙干),研为细末,用小米汤适量调药。大畜 1 次灌服。下痢并有内寄生虫时用。

方 8　酸枣树根 100 克(刮去里皮,焙干研末),大蒜 10 头(烧灰存性),红糖 100 克,用红枣 30 个煎汤适量调药,候温。大畜 1 次灌服。粪稀带血时用。

胃肠炎（肠黄）

【症　状】　早期饮食减少,后期废绝。口臭,口腔粘膜干燥,黄色舌苔较多。初期便秘,粪球上混有粘液,后期拉稀带血,恶臭。肠音开始弱,拉稀后增强,轻度腹痛,喜欢卧地。全身中毒后,病畜精神沉郁。结膜潮红并黄染。体温在 39～40℃ 或以上,脉细弱而快,每分钟 60～80 次,较重病例有时可达 100 次以上。

最急性胃肠炎可在 24 小时内突然死亡,往往见不到拉稀症状,自体中毒严重,舌呈暗紫红色,体温在 39.5～41℃,脉细增数,呼吸急迫。

【治　疗】　可选用下列处方:

方 1　大蒜 100 克捣碎呈泥状,加水 1 升。大畜每日 1 次内服,现用现配。

方 2　食盐 200～300 克,大蒜 50～100 克（捣碎呈泥状）,温水 4～6 升,大畜 1 次内服。本方对病畜早期排粪迟滞的疗效较好。对胃肠已经陷于弛缓的重剧病例,可用无刺激和油类泻剂,如液状石蜡 0.5～1.0 升或植物油 300～500 毫升,大畜 1 次内服。

方 3　木炭末 100～200 克,炒米粉适量,水 1～2 升,制成悬浮液。大畜 1 次内服。用于积滞的粪便基本排除,粪的臭味不大而仍拉稀不止时。

方 4　鲜大蓟、鲜马齿苋各 200～300 克,共捣为细泥,去掉纤维,加水。大畜每日 1 次灌服,连用数日。中畜服1/2量,小畜服1/5量。

方 5　木炭末 50～100 克,小苏打 25～50 克,水适量,混合,大畜 1 次灌服。

方 6 玫瑰花(取含苞未放者)100 朵,去萼蒂,加大黄 30 克,水适量,煎汁。大畜 1 次内服。

方 7 核桃仁 100 克,干姜 30 克,研碎。大畜 1 次调服。

方 8 生姜、陈皮各 50 克,花椒 15 克,共研末。大畜 1 次调服。

方 9 猪苦胆 10 份(按重量比),黑豆 4 份,绿矾(皂矾)0.2 份,槐花 2 份,车前子 3 份,白矾 1.5 份,木炭末 4 份,后 6 种药共研细末,加入胆汁拌匀,开水冲成稀糊,候温。马牛 1 日 1 次灌服 300～400 克,羊猪 50～100 克,小畜服量酌减,4 日为一疗程。发烧腹泻时用。

方 10 干柿饼 100 克,灶心土 150 克,川楝子 75 克(烧炭存性),地龙(蚯蚓)20 克,共煎汁两次,两汁混合约 300 毫升。成年大猪 1 日 1 次灌服,5 日为一疗程。发烧腹泻时用。

方 11 紫皮蒜、牛粪炭各 250 克,共同捣碎,调入鸡蛋 10 个(用蛋清),用砖茶 170 克煎浓汁 1.5～2.0 升冲调,候温。驼 1 日 1 次灌服,马牛服此量的 1/2,羊猪服 1/10,5 日为一疗程。肚疼拉稀时用。

方 12 焦栀子 30 克,绿豆面 250 克,白胡椒 10 克,共研细末,用生葱 10 支煎汤冲调,候温。成年马牛每日 1 次灌服,羊猪服此量的 1/4,5 日为一疗程。发烧、肚疼、大便带血时用。

方 13 干刀豆 300 克,白胡椒 15 克,共研细末,调入羊苦胆汁 8 个,再用红枣 50 个煎汤冲调,候温。马牛每日 1 次灌服,羊猪服此量的 1/5,小畜酌减,7 日为一疗程。发烧、肚疼、粪干带粘液时用。

方 14 大蒜 50 克,米醋、白米汤各 500 毫升,将蒜捣碎,用醋和米汤烧开冲调,候温。大畜每日 1 次灌服,中小畜酌减,

5 日为一疗程。

方 15　连根韭菜 1 千克(洗净切碎),生葱 100 克(切碎),共同捣和,用热米汤冲调,候温。马牛 1 次灌服,羊猪服 1/5,小畜减为 1/20～1/10。腹疼、粪带脓血时用。

方 16　茶叶 130 克,食盐 15 克(炒热),共煎汁适量。马牛每日 1 次灌服,中小畜酌减,5 日为一疗程。粪稀、乏困时用。

方 17　生苎麻叶 250 克,洗净捣碎,加开水冲泡两次,共得汁约 1.5 升,加入食盐 10 克,候温。大畜 1 次灌服。发烧、肚疼时用。

方 18　鲜藕 1.5 千克捣碎,开水冲调,候温。大畜 1 次灌服。发烧、肚疼时用。

方 19　干红薯藤叶 700 克,白矾 35 克,共同捣碎,水煎汁约 2 升,候温。大畜 1 次灌服。腹泻、腹痛时用。

方 20　大蒜 30～40 克(捣碎),白矾 25～45 克(研末),两药混合,开水冲化白矾,候温。大畜 1 日 1 次灌服,5 日为一疗程,中小畜酌减。肚痛、拉稀时用。

方 21　石榴皮(晒干炒焦)100～150 克,艾叶 50～100 克,红高粱 500 克,水煎汁两次,混合汁约 3 升,候温。大畜 1 日分 2 次灌服,中小家畜酌减,5 日为一疗程。久泻、肚疼时用。

方 22　大蒜 65 克(捣碎),红糖 200 克,食醋 500 毫升,共同混合。大畜隔日 1 次灌服,中小畜酌减,7 次为一疗程。腹疼、泄泻带脓血时用。

方 23　酸奶子 2.5 升,砖茶 50 克(捣碎),红、白糖各 100 克,加水共同煎开 20 分钟,候温。马牛每日 1 次灌服,驼加倍,中小畜酌减,7 日为一疗程。腹泻、胀痛时用。

方 24　茶叶 100 克,生姜 60 克,共同捣碎加水煎开半小时,候温。马牛每日1次,连渣灌服,中小畜酌减,5日为一疗程。肚疼拉稀时用。

方25 健康鸡两只,砍掉头后,立即把断颈插入患畜口内,使患畜吸饮鸡血。腹泻、腹痛时用。大畜1次量。

方26 灶心土100克,食盐35克(炒),荞麦面200克(炒黄),干姜60克,共研细末,开水冲调,候温。大畜每日1次灌服,中小畜酌减,7日为一疗程。腹痛、拉稀日久,甚至粪稀如水时用。

方27 西瓜皮、石榴皮各150克晒干,共研细末,开水冲调。1日1次灌服,5日为一疗程。轻烧、拉稀日久时用。

方28 牛、羊、猪的苦胆中装入黄豆,至胆汁漫过为度,阴干后取出给患畜喂食。羊猪每次20～30克,1日2次。病初粪时干时稀、发烧、肚痛时用。

方29 小米(炒黄)200克,大黄150克,共研细末,加浆水两碗调匀。驼1次内服。

方30 柿饼1.0～1.5千克(烧炭存性)研末,开水冲调,候温。马牛1次灌服。轻泻时用。

方31 绿豆1千克,车前子120克,山楂150克,研末,开水冲调,候温。大畜1次灌服。发烧、腹泻时用。

方32 蜂蜜300～400克,鸡蛋10～15个,食盐40克,温开水2～3升,调混均匀。马牛1次灌服。发烧、腹泻时用。

方33 生姜25克,石榴皮30克,大枣树皮40克,大蒜20克,共研碎烂,用热米汤700毫升冲调,候温。大猪1次灌服。治肠炎拉稀恶臭,发烧不食。

方34 大蒜泥150克,生姜30克,仙鹤草、侧柏叶各50克,煎汁。大畜1次灌服。

方35 茵陈50克研末,大枣(去核)、白糖各100克混合。大畜 1 次灌服,猪羊服 1/2 量。

方 36　藿香、车前子各 50 克,绿豆 100 克,煎汁去渣。大畜 1 次灌服。

方 37　白头翁 150 克,黄柏树皮 120 克,煎汁。大畜 1 次灌服。

方 38　地榆 60 克,苦参、黄连各 50 克,煎汁。大畜 1 次灌服。

方 39　苦参、香附子各 50～100 克,大黄 30～50 克,研末,开水冲调,大畜 1 次内服。

方 40　毛青杠 150 克,煎汁。牛 1 次内服。

方 41　柿子 5～8 个,红糖 30～50 克(血便用白糖),混合给猪 1 次喂服。

方 42　地榆、白头翁、车前草各 60 克,共研末,对水 1升,煎沸 10 分钟,连渣分 2 次,早晚给猪各服 1 份。

方 43　马鞭草 80～150 克,厚朴 50～100 克,煎汁去渣。猪 1 次内服。

方 44　鲜铁苋菜(野黄麻、血见愁、含珠草)100 克,煎汁。猪 1 次内服。

方 45　白头翁 3 份,白矾 3 份,柿蒂(炒焦)1 份,共研细末,开水冲调。每千克体重给药 2 克。

急性胃扩张(大肚结、过食疝)

【症　状】　原发性胃扩张通常在饱食后突然发生剧烈的腹痛,有的呈犬坐姿势,腹围不大而呼吸促迫,插入胃导管可排出多量气体和食糜。直肠检查,感知脾后移,而左肾前下缘可摸到膨大的随呼吸前后移动的胃盲囊,触之紧张并富有弹性,或呈捏粉样。如果是原发性的,导胃之后可迅速恢复。如是继发性的,导胃之后腹痛暂时减轻,不久又加重。直肠检查有结粪或肠变位等。

急性胃扩张病马,如果延误诊治,往往在十余小时内因心力衰竭或胃、膈破裂而死亡。

【治　疗】　首先应进行导胃,然后选用下列处方:

方1　食用油500毫升,煎开离火,倒入当归末200克,搅拌至黄褐色,候温灌服。为大畜1次量。

方2　醋酸30~60毫升,加温水0.5升,或食醋0.5升,或酸菜水1升。大畜1次灌服。

方3　醋250~1000毫升,姜50~65克,盐30~60克,调匀。马骡1次灌服,猪酌减。

方4　10%~20%盐水1升,加半升食醋。1次灌服。

方5　辣椒1~4克,姜粉15~30克,白酒100~200毫升,加水适量。大畜1次灌服。

方6　醋0.5~1.0升,硼砂33克。1次灌服。治马气滞性胃扩张。

方7　盐乌梅65克,姜30克,鸡内金20克,香油120毫升,前几味药研末与香油混合,加开水调匀,候温。1日1剂,连服2剂。治猪食滞性胃扩张。

方8　生山楂250克,甘草130克,水煎3次,共煎汁约1.5升,候温。马骡每日1次灌服,连服2剂。治食滞性大肚结。

方9　蝼蛄10个,二丑45克,共研末。臭椿树皮125克煎汁1升,加醋0.5升,混合调药。马骡每日1次灌服,连服2~3剂。治食滞性胃扩张。

方10　桃树根100克,苦瓜花30克,均焙干存性,与酒曲165克共研为末,开水冲调,候温。马骡隔日1次灌服,共服

2～3剂。治食滞性大肚结。

方11　大蒜50克(捣碎)，木炭末40克，白酒120毫升，开水冲调，候温。大畜1次灌服。治气胀性胃扩张。

方12　八角茴香15克，香油300毫升，柿蒂(炒焦存性)25克，共研为末，开水冲调，候温。大畜1次灌服。治胃扩张腹疼、跳欣、起卧。

方13　大蒜30克(捣碎)，红糖100克，醋200毫升，混合后加开水适量冲调。猪羊每日1次灌服，连服2剂。治胃扩张胀痛。

方14　青萝卜丝4千克，用香油炸焦，与酸菜水1升混合。大畜每日1次灌服，连服2剂。治胃扩张胀疼、起卧。

方15　醋500毫升，煤油100毫升，混合。大畜1次灌服。治胃扩张胀气。

方16　酒曲1.5千克，芫荽(切碎)150克，胡椒(研末)10克，加开水3升，泡20分钟后滤汁，加麻油0.5升混合，候温。大畜1次灌服，服后牵遛2小时观察，如不愈再服1剂。

方17　竹叶50克，煎汁适量，调入梁上尘150～250克。大畜1次灌服。肚胀疼拉稀时用。

方18　巴豆3～6克，苍术60克，捣为末，对温水灌服。

方19　元胡粉100克，麦芽粉300克，陈醋100～150毫升。先用胃管排出胃内容物及气体，再将上药混合灌入。

方20　油当归300克(当归粉用500克植物油熬开，连油入药)，醋香附(沸醋300毫升加入香附末再煮沸10分钟)100克，莱菔子末100克，调匀，加水500毫升灌服。

痉挛疝(冷痛)

【症　状】　本病主要由寒冷刺激引起，呈中度或剧烈的阵发性腹痛。病畜起卧不安或倒地滚转,持续5～15分钟后,进入间歇期,病畜安静站立,有的尚有食欲。口腔湿润,肠音增强,连绵不断,音响高朗,不断排少量稀软粪便。病畜耳鼻发凉,体温、呼吸、脉搏变化不大。多数病例在几小时内痊愈。如治疗不及时,护理不周,可能引起肠变位。

【治　疗】 可选用下列处方:

方1　温水灌肠,灌完水后,牵马环形运动,或敲打臀部与尾根。

方2　温敷腹部(水温45℃),每10～15分钟更换1次。

方3　大蒜4头捣碎,加调料面100克,用白酒200毫升调匀,或紫皮蒜泥50～100克,白酒250～500克,水1～2升混合。大畜1次内服。

方4　大蒜2～5头,鲜姜20～30克,茴香30克,胡椒10～20粒,共捣碎,用烧酒250克为引,加水调匀。大畜1次灌服。

方5　大葱3根,鲜姜60克,均捣碎,白酒200毫升,加水调和。大畜1次灌服。

方6　花椒5克,白头翁30～150克,滑石粉150克,研成细末。每次取2克,用竹筒吹入鼻孔。用于大畜。

方7　小茴香(炒)80克,食盐(炒)30克,共研末,加开水0.5升冲调,候温,再加入白酒150毫升。大畜1次灌服。服后牵遛,不让病畜打滚。

方8　小茴香末250～350克,开水冲,候温灌服。

方9　干姜35克,炒茴香40克,共研为末,白酒100毫升,加开水400毫升调匀,候温。大畜1次灌服,服后牵遛。

方10　胡椒5～7克研末,或小茴香80克炒黄研末,加白酒、开水各250毫升,调匀,候温。大畜1次灌服,服后牵遛。

方 11　红糖 150 克,白酒 200 毫升(温热)混合调化,或再加干姜末 40～100 克,水适量混合。大畜 1 次灌服,服后牵遛。

方 12　乌梅 20 克,胡椒 1 克,共研为末,用大枣 10 个煎汤冲调,候温。成年羊猪或驹犊 1 次灌服,大畜用量加至 2～3 倍。

方 13　炒盐、辣椒各 30 克,小茴香(炒微黄)90 克,共研为末,开水冲调,候温。大畜 1 次灌服,中小畜服此量的 1/5～1/3。

方 14　香附 35 克,干姜 45 克,共研为末,加醋 0.6 升,开水冲调,候温。大畜 1 次灌服,服后牵遛。

方 15　桃树根 100 克,水煎 2 次,共得汁 700 毫升,加入煅血余炭 15 克调匀,候温。大畜 1 次灌服,服后牵遛。

方 16　骨头(烧炭存性)35 克,用白酒 250 毫升调匀。大畜 1 次灌服,服后牵遛。

方 17　黄瓜叶(焙干存性)40 克,灶心土 200 克,共研为末,用白酒 200 毫升、开水 0.5 升调匀,候温。大畜 1 次灌服,中小畜用此量的 1/5～1/3,服后牵遛。

方 18　干姜 35 克研末,用白酒 250 毫升调匀。大畜 1 次灌服。

方 19　大蒜 3 头,大葱 3 根,烧酒 250 毫升,前二味共同捣碎加酒调匀。大畜 1 次灌服,服后牵遛。

方 20　硫黄 15 克,黄酒 250 毫升,共调均匀。大畜 1 次灌服。

方 21　炒干姜 35 克,白萝卜子 35 克,黄酒 500 毫升,开水冲调,候温。大畜 1 次灌服,服后牵遛。

方 22　吸烟用旧的羊骨棒子 1 根,捣碎煎汁两碗。大畜 1

次灌服。

方23 辣椒面1份,滑石粉2份,混合均匀。每次吹入大畜鼻孔内1.5克,吹后牵遛,防止打滚。

方24 吹鼻散:辣椒面7份,白芥子3份,花椒4份,小茴香8份,共研细末。每次吹入鼻孔少量,隔40分钟吹1次,病愈即止。

方25 香附子80克,小茴香30克,白酒300～500毫升,前二味共为细末,开水冲调,候温加白酒,1次灌服。

方26 干姜30～40克,大蒜30～100克,辣椒20～30克,共捣烂熬汁,待温后,加入白酒50～100毫升,加温水适量。马骡1次灌服。

方27 石菖蒲(鲜草)250克,切细,煎汁。马骡1次灌服。

方28 生韭菜(连根)200克,抖净泥土,不用水洗,捣细投服,每日1次。

方29 鲜野棉花叶50克。揉烂,塞患马一侧鼻腔,轻轻揉鼻翼,以鼻流清液、连打喷嚏、抖毛踢蹄为度。

方30 炒盐100克,炮姜25克,葱白4根,水煎。马骡1次灌服。

方31 大葱4根,炒盐50克,水煎三沸,待温后,加入白酒120毫升。马骡1次灌服。

方32 木香20～40克,高良姜30～70克,乌药30～60克,煎汁去渣,加白酒100～200毫升。马骡1次灌服。

方33 大蒜1千克,荜澄茄500克,白酒1升,前2药捣后泡于酒中,1周后成为糊状,用时取所需量加等量红糖,冷开水冲灌。大畜每次120～200克,小畜30～90克。

方34 生姜(切碎)、红糖各100～200克,大葱4～8根切碎(可不加),白酒100～200毫升。开水冲泡,候温。大畜1

次灌服。

方 35　皂角(皂荚、大皂荚)15～40 克,烟叶 30～70 克,切细,水煎 2 小时,取液 600 毫升,候温加辣椒 15～25 克。大畜 1 次灌服。

肠臌气(胀肚、风气疝)

【症　状】　本病发病快,迅速表现为剧烈而持续的腹痛,腹围急剧膨大,右肷部更为明显。呼吸急速,脉搏快而细弱,常出大汗,可视粘膜暗红。病初常放屁或排出少量稀软粪,肠音响亮,且有明显的金属音,尔后肠音逐渐减弱,最后消失。直肠检查感知肠管充满气体,检手活动困难。本病发展迅速,一般经过多为 12 小时,重症者,往往在 4～5 小时内因肠管过度膨满而引起窒息、膈或肠破裂或心脏麻痹而死亡。

【治　疗】　可选用下列处方:

方 1　紫皮蒜(捣泥)5 头,鲜姜碎块 60 克,用烧酒 250 克冲调,加温水 1.0～1.5 升混合,为大畜 1 次投服量。

方 2　牵牛子 50 克,干姜 20 克,炒盐 60 克,葱白 3 根,共捣碎。用陈醋 250 毫升,白酒 150 毫升冲调。大畜 1 次灌服。

方 3　莱菔子 100 克,焦槟榔 30 克,小茴香 50 克,葫芦80 克,共研末,用热姜汤冲调。大畜 1 次灌服,中畜服1/5,小畜服1/15～1/10。肚疼轻微时用。

方 4　莱菔子 140 克,葫芦籽(烧炭存性)60 克,共研末,加白酒 250 毫升,开水调匀,候温。大畜 1 次灌服。肚疼轻时用。

方 5　二丑 45 克,干姜 20 克,炒盐 90 克,共研细末,加入食醋 250 毫升,白酒 100 毫升,调匀。大畜 1 次灌服,中畜服1/5量,小畜服1/10量。口舌干燥时用。

方 6　椿白皮 150 克(用食油炸焦)研末,滚葱汤冲调,候温。大畜 1 次灌服。口温低时用。

方 7　小茴香根 200 克,菖蒲根 100 克,干姜 10 克,煎汁 1 升,候温。大畜 1 次灌服。用于患畜不放屁时。

方 8　莱菔子 100 克,芒硝 170 克,滑石 70 克,共研末,加菜油 500 毫升调匀。大畜 1 次灌服。口色黄时用。

方 9　松塔(松球、松果)70 克,小茴香 80 克,生姜 20 克,共研细末,加白酒或蓖麻油 250 毫升调匀。大畜 1 次灌服,中小畜用量1/5以下。

方 10　陈石灰 250 克,加水 2 升溶解,取其澄清液 1 升,再将砖茶 80 克煎汁 1 升,混合。大畜 1 次灌服。

方 11　沙蒿子或葶苈子(小辣辣秧籽)100 克,香油炸焦,开水冲调,候温。大畜 1 次灌服。

方 12　茶叶 70 克,煎汁 1 升,加白酒 200 毫升混合。大畜 1 次灌服。口色红时用。

方 13　白萝卜子 100 克,芒硝 120 克,研末,加醋 1 升调匀。大畜 1 次灌服。

方 14　香油 250 毫升,煤油 65 毫升,混合。大畜 1 次灌服。舌苔厚腻时用。

方 15　生姜、大蒜各 120 克,捣碎,用煤油 65 毫升混合,再加开水调匀,候温。大畜 1 次灌服。寒湿凝滞肚胀时用。

方 16　吴茱萸 40～70 克,当归 50～80 克,共研细末,与酒 100～200 毫升调和,大畜 1 次灌服。

方 17　葱 3～5 根切碎,炒盐 40～60 克,干姜(研末) 20～30 克,牵牛子(研末)30～50 克,加醋 250～400 毫升,酒 100～200 毫升和水少许,大畜 1 次灌服。

方 18　草果 100～300 克,生姜 100～400 克,烟叶 4～6

克,共研末,拌入麻油 200～300 毫升,大畜 1 次灌服。

便秘疝(结症、肠阻塞、肠闭结)

【症 状】 病马呈轻度、中等度或重度的腹痛,食欲减少或废绝,口腔干燥,肠音不整或减弱,排粪减少或停止。初期全身无明显变化。小肠便秘时,食后 1～4 小时内突然发生剧烈疝痛,间歇期短,起卧、翻滚不停,前蹄抱胸或仰卧,常继发胃扩张。大肠便秘时,初期排粪干而少,后期停止排粪。胃状膨大部或盲肠便秘时排少量稀软粪便,疝痛较轻,间歇较长,有时继发肠膨胀,腹围增大,尾拧举。直肠阻塞时常作排粪姿势。直肠检查可摸到硬突的阻塞部。

【治 疗】 可选用下列处方:

方 1 芒硝 200～400 克,大黄末 60～80 克,温水 4～8 升。马骡 1 次内服。适用于大肠便秘的早期和中期。

方 2 食盐 200～400 克(可酌加蜂蜜 0.5～1.0 千克),温水 4～8 升,溶解后马骡 1 次内服。投药后适当牵遛,勤给饮水。通常在 3～4 小时排粪。

方 3 植物油 0.5～1.0 升,大蒜(捣泥)5 头,食盐 50 克。调后供马骡 1 次内服。适用于小肠便秘。

方 4 小苏打 150 克,温水 1.5～2.0 升。混合溶解后大畜 1 次灌服,再灌常醋 250 毫升。适用于大肠结症的初期及中期。

方 5 獾油(将捕捉的獾去皮后装入容器中埋入地下,沤制成油脂)300～500 毫升,食盐 50～100 克。将食盐用温水溶化后与獾油混合,再加适量温水。大畜 1 次灌服。

方 6 蜥蝎(土名沙扑扑)2 个,装入 1～2 个鸡蛋中封口后,放香油 50 毫升炸焦捣碎,连油微温灌服。治仔猪、羔羊小肠结,肚疼轻微时用。

方 7　韭菜汁、牛奶各 150 毫升混合。1 次灌服。治仔猪、羔羊结症,轻症时用。

方 8　黄鼠狼头 1 个,用香油 100 毫升炸熟捣碎,候温,1次灌服。治猪羊结症,马牛服此量的 5 倍。

方 9　蜣螂 7 个,蝼蛄(土狗、地狗)7 个,用香油 100 毫升炸焦研末,候温,连油灌服。治猪羊结症。

方 10　蜣螂 5～8 个捣烂,加牛奶 250 毫升,或蜣螂焙干、研末,加黄酒 200 毫升混合。1 次灌服,治猪羊粪结。

方 11　鲜韭菜汁 250 毫升,牛奶 300 毫升,鲜鹅血或鸭血 250 毫升,混合,中畜 1 次灌服,大畜服量加倍。口色红、肚疼重时用。

方 12　老鼠粪 60～100 克,炒盐 100 克,共研末,加猪油0.7～1.0 千克,加热熔化,调匀,候温。大畜 1 次灌服,中小畜酌减。

方 13　老鼠粪 100～130 克,桃仁 35 克,蜣螂 7 个,共研末,加獾油 250 毫升调匀。大畜 1 次灌服,中小畜酌减。

方 14　橘皮粉 50 克,加猪油 1 千克调匀。大畜 1 次灌服,中小畜服1/8～1/4。

方 15　大戟 25 克(炒微黄),桃仁 65 克,共研末,加猪油500 克调匀。大畜 1 次灌服。

方 16　猪苦胆 250 克,蜂蜜 130 克,加温水适量混合。大畜 1 次灌服。

方 17　五谷虫(粪蛆)130 克,蜣螂 45 克(均焙干),共研末,加猪大肠油 250～500 克调匀。大畜 1 次灌服。

方 18　向日葵鲜根 1.5 千克捣烂拧汁,加蜂蜜 120 毫升,温水适量混匀。大畜 1 次灌服。

方 19　连根芹菜 250 克,连根白菜 500 克,加水 2.5 升,煎汁 1.5 升。中畜日分 3 次灌服,再配合肥皂水灌肠。治羊猪粪结,口色红时用。大畜服此量的 5 倍。

方 20　马铃薯捣烂取汁 250 毫升,灌服。每日 1～2 次。治羊猪便秘。

方 21　炒萝卜子 100 克,皂荚 40 克,共研末,开水冲调,候温。大畜 1 次灌服。

方 22　连根韭菜 1.5 千克捣烂取汁,加香油 500 毫升,温水适量调匀。大畜 1 次灌服,中小畜酌减。

方 23　皂荚 10 克研末,加猪苦胆 7 个,蜂蜜 120 毫升,开水冲调,候温。大畜 1 次灌服。

方 24　皂荚 7～8 个,生薤白 200～400 克,生猪板油(切碎)300～500 克。后两味药捣泥,皂荚烧焦研末,混合,加开水适量,候温反复揉搓至起大泡,去渣灌服。治马骡前中后结。

方 25　酵母粉 500 克,加温水 5 升,大畜 1 次灌服。

方 26　白萝卜、火麻仁各 250 克捣碎,芒硝 150 克研末,植物油 200 毫升,混合。大畜 1 次灌服。

方 27　猪胰脏 150 克,面碱 200 克,猪油 250 克,混合,捣烂,掺匀,加温水 7 升调匀。大畜分 2 次服,间隔 3 小时。

方 28　芒硝 250 克,炒白萝卜子 130 克,共研末,香油 500 毫升,混合,加温水适量调匀。大畜 1 次灌服。

方 29　芒硝 100 克,玉米面少量,用水和成糊状,用木板将药抹在猪舌根部,使其咽下,服药后多饮水。

方 30　生豆浆 0.6 升,大猪 1 次灌服。

方 31　粗壮葱梗 1 根,蘸蜜插入肛门,反复抽送引起排粪。治猪直肠结。

方 32　猪苦胆 1～2 个,注入猪肛门,可引起排粪。

方33　酒曲 1 千克,用温开水 1 升化开,大畜 1 次灌服,用于结症前期;酒曲 3.5 千克,用 40℃左右温水 6 升浸泡 40～50 分钟滤汁。大畜 1 次灌服。治大肠结。

方34　神曲 400～700 克,食盐 150～300 克,共为细末,加温水 3～6 升,马骡 1 次灌服,治大结肠结。

方35　老鼠粪 60 克,食盐、酵母粉各 100 克,加温水 5 升化开。大畜 1 次灌服。服后多饮水。

方36　白萝卜子 150 克,生姜 60 克,芫荽、葱白各 100 克,共捣烂,用开水 2.5 升浸泡 20 分钟滤汁,加胡麻油 500 毫升。大畜 1 次灌服,如不愈,隔 2 小时再服 1 剂。

方37　发酵玉米面(越酸越好)1 千克,加水 3 升,过滤后马骡 1 次灌服。治盲肠大结肠便秘。

方38　麻油 0.5 升炼后离火 5 分钟,放入当归末 150～300 克,加水 0.5 升,马骡 1 次灌服。治小肠阻塞。投药前用胃导管导出胃内容物。

方39　榆白皮 500 克(鲜品 750 克)切小段,加水 3 升煎约 1 小时,滤取汁,药渣再加水 2 升煎 1 小时滤汁,两次汁加神曲末 100 克搅匀,马 1 次灌服。治胃状膨大部阻塞。

方40　滑石粉 200～600 克,温水调糊。马骡 1 次投药。

方41　韭菜子 60～100 克,牵牛子 30～50 克,炒至烫手后,用湿毛巾裹住,待温后加胡麻油或麻油 300～500 毫升调灌马骡。孕畜慎用。

黄　疸

【症　状】　黄疸并不是一种独立的疾病,而是许多种疾病(如肝胆疾病、血液疾病、传染性贫血、焦虫病以及各种中毒病等)的一个症状。具体表现为可视粘膜及皮肤黄染,阻塞性黄疸时皮肤瘙痒。血清胆红素升高,出现胆色素尿。患畜精神不振,容易疲劳,食欲减少,腱反射减低,出血性素质等。常发生肠卡他与肠弛缓。粪便呈泥土色或灰白色,有恶臭味,缺乏粪胆素。

【治　疗】　必须立即除去致病原因,恢复生理功能。治疗可选用以下处方:

方1　核桃仁(用香油炸为黄色)、红糖各250克,共为末,用茵陈500克的煎汁冲调后,加猪苦胆1个为引,大畜每日1次灌服。连用3～5日。

方2　茵陈、芦根各250克,茶叶200克,竹叶、瓜蒂各50克,加水煎服。大畜1日1剂,连用3～5日。

方3　葶苈子炒黄研末10克,玉米须5克,煎汁两次约250毫升,冲调,候温。大猪羊1日1次灌服,大畜用此量的5～10倍。

方4　石花(即附在岩石上的藻纹梅花衣,别名梅藓或石衣,有灰绿、褐、黑等色)15～20克,晒干研末,用山栀子(根、花均可用)15克煎汁冲调,候温。大羊、猪1次灌服,大畜用4倍量。

方5　玉米须、茵陈各100克,煎汤两碗。猪羊分2次服,大畜用此量的4～5倍。

方6　青瓜蒌(焙干研末)15克,茵陈30克煎汤,冲调,候冷。大羊猪1日1次灌服,大畜用5倍量。

方7　瓜蒌根40克,茵陈30克,共研碎,开水冲调,候冷。大羊猪1次灌服,马牛服5倍量。

方8　柚子皮(焙干研末)20克,大黄(研末)15克,白米汤冲调,候冷。大羊猪1次灌服,马牛服5倍量。

方9　马齿苋鲜茎叶120克,鲜小蓟40克,混合捣碎,加水适量。大羊猪1次灌服,马牛服5倍量。

方10 茵陈12克,栀子10克,大黄5克,麦芽60克,水煎两次得混合汁0.8升。猪羊1日分2次灌服,马牛可用其4～5倍量。

方11 苦丁香研末,每次吹入鼻孔少量,使流出适量黄水,可减轻黄疸症状。用于马牛羊猪黄疸的初期。

方12 黄瓜叶、糠谷老(一种不结籽的病态谷穗)各1份,共研细末。每次吹入鼻孔少许,使流适量黄水,可减轻黄疸症状。用于马牛羊猪黄疸的轻症。

方13 西瓜皮(晒干)30克,茵陈20克,大黄10克,煎汁两次得混合汁0.5升。成年羊猪1日分2次灌服,马牛用4～5倍量。

方14 乌梅15克,茵陈20克,枸杞子12克,大红枣15个,水煎两次得混合汁0.4升。成年羊猪1次灌服,马牛用此量的4～5倍。用于肝胆郁热日久、体质虚弱,黄疸,不多吃喝的患畜。

方15 鲜菠菜500克,捣烂后加入猪苦胆2个,开水适量冲调,候温。猪羊隔日1次灌服,马牛用此量的4～5倍。

方16 皂矾(黑矾)如黄豆粒大1块,放入开小孔的鸡蛋中,封孔后在火旁焙焦研为细末,另用干黄瓜片140克煎汁0.5升,冲调上述药末,候温。成年羊猪日分2次灌服,马牛用此量的4～5倍,驼用7～8倍。

方17 茵陈65克,泽泻15克,鲜苦苦菜250克(干的用65克),煎汁2～3碗,猪羊1次量,马牛用此量的4～5倍。

方18 茵陈、薏米各65克研末,开水冲调,猪羊1次服,马牛用此量的5～6倍。

方19 马齿苋35～45克(新鲜的用45克)捣碎,再用干西瓜皮、瓜蒌皮、药葫芦皮各 10 克,煎汁两碗和马齿苋调匀,羊猪 1 日分 2 次服,大畜用此量的 4~5 倍。

方 20　茵陈 100 克,柴胡 35 克,川楝子 30 克,煎汤两碗。猪羊分 2 次服,大畜用此量的 4~5 倍。

方 21　苦苦菜 50 克,车前草 35 克,苍耳子 15 克(或苍耳草 45 克),沙枣核 35 克,川楝子 27 克,山羊角 130 克,煎汁两碗半。猪羊 2~3 日服完,大畜用此量的 4~5 倍。

方 22　苍术 15 克,乌梅 30 克,龙胆草 10 克,加水 3 碗煎汁 1 碗半。羊猪 1 日分 3 次服完,大畜用此量的 4~5 倍。

方 23　鲜桑树根皮 30 克,白糖 40 克,煎汁。羊猪 1 次灌服,连服 2~3 日。单用桑树皮也有效,如加母羊奶适量,效果更佳。

方 24　嫩柳树枝 30 克煎汁 1 碗。羊猪每日 1 次,连服 1 周。

方 25　垂柳枝和皮(晒干)30 克,煎汁 1 碗,放入红糖适量。羊猪 1 日 1 次内服,连服 5 日。

方 26　明矾 3 克,研末,包在豆腐皮或豆腐块中,蒸 25 分钟,候冷,放入羊猪口中嚼碎咽下。

方 27　胡椒(研细)20 克,茵陈、红糖各 250 克,加水煎汁 1.5 升。大畜 1 次灌服。

方 28　茵陈 100~200 克,大黄 50~80 克,大枣 100 克(去核),共研细末,开水冲调,候温。大畜 1 次灌服。

方 29　小麦芽 65 克,槐花 10 克,旋覆花全草(晒干)35 克,黄瓜蒂 10 克,煎汁 1 碗半。羊猪 1 日分 3 次服完。大畜用此量的 4~5 倍。

方 30　茵陈 60~100 克,黄芩 30~60 克,甘草 20~30 克。共研末,开水冲调,候温。大畜 1 次灌服。

前胃弛缓

【症　状】　食欲减退,反刍次数减少,瘤胃蠕动减弱或停止,触诊瘤胃蠕动力降低,内容物呈捏粉状。初期大便干燥,尿量减少,以后则见腹泻,或腹泻、便秘交替进行。

【治　疗】　病初可减食或禁食。酌情选用下列处方:

方1　食用醋1.5~2.5升。大牛1次灌服。

方2　大蒜250克,食盐50~100克,加水适量。大牛1次灌服。

方3　白酒500毫升,加水适量。大牛1次灌服。

方4　小苏打150~250克,加温水0.5~1.0升溶解,投入胃中,再投食用醋300~350克。大牛每日1~2次。

方5　陈建曲200克,温水冲调,加陈醋500克。大牛1次灌服。

方6　10%温食盐水1~4升,大牛1次灌服。

方7　椿根皮200克,小茴香50~100克,红萝卜500克,加水熬,去渣,加食盐100克为引。大牛1次灌服。

方8　公丁香(水牛100~150克,黄牛65~100克)研末,与食用植物油(水牛0.5~1.0升,黄牛减半)混合,灌服。治前胃弛缓、瘤胃积食、瘤胃膨胀等前胃疾病。

方9　烟丝50克,清油300毫升。大牛1次调灌。

方10　常山85克,甘草120克,共煎汁3升。每日早晚各灌服1.5升。

方11　熟枣肉250克,大牛每日灌服1次,可健脾止泻。

方12　棉籽油250~500毫升,煎去沫,放入黍子150克,并将露蜂房1个剪碎投入炸焦,晾冷。大牛连油1次灌服。

方13　焦山楂、炒麦芽、神曲各80克,研细,用开水调匀,候温。大牛 1 次灌服。

方 14　莱菔子 150 克炒研末,加香油 300 毫升。大牛 1
次灌服,驼用此量的 2 倍。

方 15　棉花籽(炒焦)100 克,黄瓜秧(焙干)60 克,红花
35 克,共研细末,加陈醋 800 毫升,开水适量冲调,候温。大牛
1 次灌服。

方 16　枳壳 150 克,南瓜藤须 40 克,白萝卜子、臭椿皮
各 250 克,共同焙干研末,加酒、醋各 200 毫升,再加水适量冲
调,候温。大牛 1 次灌服,羊用此量的 1/10～1/6。

方 17　五爪龙(高粱根未入土者,焙干)、白矾各 60 克,
木瓜 100 克,扁豆 250 克,共研细末,加酒 150 毫升、醋 1 升、
开水适量冲调。大牛 1 次灌服。

方 18　焦小麦、焦高粱、焦神曲各 150 克,大葱 100 克,
加水煎汁 1.5 升,加酒 100 毫升、醋 0.5 升,调匀,候温。大牛
1 次灌服。

方 19　焦臭椿皮 250 克,焦山楂 120～150 克,灯芯 25
克,加水煎汁 1.5～2.0 升,候温。大牛 1 次灌服。

方 20　臭椿皮 30 克,蜣螂(去头足,焙干)5 克,共研末,
加醋、水各 100 毫升。大羊 1 次灌服。

方 21　松树叶(松毛)120 克,马勃 20 克,水萝卜 1.5 千
克,加水煎汁两次约 3 升。大牛 1 日分 2 次灌服。

方 22　炒萝卜子、炒葫芦子各 30 克,共焙干研末,加酒
35 毫升,醋 100 毫升,水 150 毫升调匀。大羊 1 日 1 次灌服,5
剂为一疗程。

方 23　桃树根(洗净切片,焙干)40 克,陈玉米芯 2 个(烧
炭存性),艾叶 10 克(焙干),水煎两次得混合汁 200～300 毫
升。大羊 1 日分 2 次灌服。

方 24　南瓜藤须(焙干)120克,皂角80克(烧炭存性),共研细末,加醋1.5升,开水适量冲调,候温。大牛1次灌服。

方 25　焦小米500克,白萝卜(切碎)1.5千克,加水2升煮汤,再加陈醋2升。大驼1次灌服。

方 26　鲜水萝卜(切碎)2.5千克,麦芽500克,炒食盐50克,共捣碎。大牛1次口服。

方 27　酵面500克,生水萝卜(切碎)1.5千克,清油250毫升,共捣烂。大牛1次口服。

方 28　侧柏叶100～200克,研末,开水冲调,候温。大牛1次灌服。

方 29　大蒜100～150克捣烂,加醋250～750毫升,菜油0.25～1.00升调匀。大牛1次灌服。

方 30　榆白皮0.75～1.00千克,切碎水煎浓汁。牛1次灌服。

方 31　鲜韭菜(切碎)1～2千克,加醋250～750毫升。牛1次灌服。

方 32　神曲200～450克研末,用温水1.5～3.0升冲调,加醋250～750毫升。牛1次灌服。

方 33　巴豆壳(巴豆仁峻泻,不能用)10～20个,焙干研末,开水冲,大牛1次灌服。

方 34　槟榔15～50克研末,大蒜80～120克捣烂,加红糖150～300克,白酒70～100毫升,温开水冲药。牛1次灌服。

方 35　狼毒5～10克,甘草15～30克,水煎汁。牛1次服。

方 36　泡萝卜(鲜萝卜泡在盐水坛内腌制而成)250～500克,切细,混入新鲜人尿250～500毫升。牛1次灌服。

瘤胃积食

【症　状】　病畜表现呆立,食欲减退,反刍减少,重则停止,拱背呻吟。左腹膨胀,触诊瘤胃充盈、坚实,或按压留有压痕。瘤胃蠕动音减弱,蠕动次数减少或停止。严重者呼吸促迫,结膜呈蓝紫色,脉搏增数。

【治　疗】　病畜禁食1～2天,不限饮水,进行按摩或缓步运动。可选用下列处方:

方1　食用醋1～2千克。大牛灌服。

方2　食用碱面150克,食用酱250克,香油500毫升,加多量温水混合均匀灌服后,再灌服食用醋250毫升。

方3　食醋1升,食盐100克,食油500毫升,加水适量混合。大牛1次灌服。

方4　炒萝卜子65克,香附35克,共研细末,加食醋1.5升,混合。大牛1次灌服。

方5　大蒜250克,食盐65克,共捣如泥,加食醋1.5升,混合。大牛1次灌服。

方6　烟丝65克,香油500毫升。大牛1次灌服。

方7　水萝卜茎叶300克,煎汁1.5升,加红糖160克,土碱65克,白酒200毫升,混合均匀灌服后,再灌服陈醋300毫升。大牛1次量。

方8　焦山楂250克,萝卜子200克,椿树皮150克,煎汁1升,加香油0.5升混合。大牛1次灌服。

方9　食盐、生姜各60克,酵母粉50克,小茴香70克,共研细末,加食醋1升,香油0.5升,水1升。大牛1次灌服。

方10　炒山楂200克,炒盐60克,葱白100克,食醋1.5升,混合。大牛1次灌服。

方 11　臭椿皮 250 克,萝卜茎叶 500 克,煎汤 2 升,土碱 65 克,白酒 250～300 毫升,混匀灌服后,再灌服陈醋 1.5 升。大牛 1 次量。

方 12　鸡内金、大黄炭、炒二丑各 100 克,煎汁 3 升,加白酒 400 毫升,候温。大牛 1 次灌服。

方 13　白硼砂 45 克,生白矾 50 克,共研末,用醋、水各 1.5 升调匀。大牛 1 次灌服。

方 14　鲜萝卜 7.5～15.0 千克。捣碎取汁约 3.5～7.5 升,大牛 1 次投服。

方 15　山楂 100～200 克研细末,加食醋 0.5～1.0 升,牛 1 次灌服。

方 16　新鲜榆树根皮 0.5～1.0 千克,刮去表皮,洗净泥沙,擂烂煎汁,大牛 1 次灌服。

方 17　花生油(或胡麻油)300～500 毫升,煤油 30～70 毫升,混合,牛 1 次灌服。

方 18　活泥鳅 10～20 条,食盐 30～50 克,加水 0.5～1.0 升,喂牛或灌服。

方 19　石膏 150～350 克,加水煎汁,去渣候温灌服。治牛过食黄豆。

方 20　黄花菜 0.5～1.0 千克。煎汁,去渣,候温灌服。治牛过食小麦。

方 21　大蒜 1 头捣烂,植物油 100～200 毫升。羊 1 次内服。

方 22　皮硝 5 克,大黄 5 克,甘草 15 克,研末,冲绿豆浆,羊 1 次内服。

方 23　韭菜(新鲜)250～500 克捣烂,对水。牛 1 次灌服。

方 24　牵牛子 30～50 克,枳壳 40～70 克,常山 60～80

克。共为末,开水冲调,候温。牛1次灌服。

瘤胃臌胀(气胀)

【症　状】　左腹明显膨大,紧张,有弹性,叩打如鼓响。精神沉郁,拱背呻吟。反刍和嗳气停止,呼吸促迫,伸颈瞪眼,结膜暗红色。

【治　疗】　本病发展迅速,应及时救治。可选用下列方法及处方:

方1　使病畜站在斜坡上,前高后低,用力按压。也可用臭椿树棍或木棒涂上食盐,横衔在口内,使不断舐食,或用手不断拉牛舌头,促使胃内气体排出。如果腹围显著膨大,呼吸高度困难,应穿刺瘤胃,放出气体。对气体难以放出的泡沫性臌胀,可经穿刺针孔注入煤油100毫升,以起消泡作用。

方2　烟叶50克(研碎),植物油500毫升。大牛1次内服。

方3　植物油500毫升,用勺熬开,去火后投入辣椒70克,炸黄为度,立即把辣椒捞出,待油凉后加水适量。大牛1次内服。

方4　豆油500毫升熬开,加入花椒末65克,再加草木灰100~200克,搅拌后加水调匀。大牛1次灌服。

方5　大蒜150克,香油250毫升,醋400毫升,混合。大牛1次灌服。

方6　萝卜子150克,芒硝150~200克,滑石65克,共为细末,加食用油500毫升,酸菜水(或醋)两碗,混合。大牛1次灌服。有条件时,最好服后给牛乳500~700毫升。

方7　碱面50~70克,溶解于200~300毫升水中,再与植物油500毫升混合。大牛1次灌服。

方 8　大蒜 150 克(捣碎),香油 200 毫升,醋 300 毫升,混合。大牛 1 次灌服。

方 9　豆油 200 毫升,小苏打 60 克,大牛 1 次灌服。

方 10　臭椿根皮 35 克,醋 500 毫升,食油 200 毫升。将臭椿根皮煎汁,再混合醋油。大牛 1 次灌服。

方 11　枯矾(研细)20 克,食醋、食用植物油、温水各 300 毫升,混合。大牛 1 次灌服,羊用此量的 1/5。

方 12　生石灰 250 克,加水 5 升,溶化取澄清液。大牛 1 次灌服。

方 13　鸡粪白(鸽粪白更好)65～130 克,放在 500～800 毫升白酒内,煮开 10 分钟,乘热加入植物油 300 毫升,调匀,候温。大牛 1 次灌服。

方 14　松塔、小茴香各 100 克,共同捣碎,加胡麻油 500 毫升,调匀。大牛 1 次灌服。

方 15　松树叶 100 克,加水 2 碗,煮汁 1 碗,加入胡麻油 250 毫升,大牛 1 次灌服。

方 16　鲜水萝卜 1 千克,葱 65 克,蒜 100 克,食盐 40 克,共捣烂,加食醋 1 升。大牛 1 次灌服。

方 17　小茴香、川楝子各 100 克,连根韭菜 500 克,共同水煎 2 次得混合汁 1.5 升,候温。大牛 1 次灌服。

方 18　食醋 1 升,硼砂 30 克(研末),混合,大牛 1 次灌服。

方 19　食醋 500 毫升,白酒 150 毫升,大蒜(捣碎)150 克,混合。大牛 1 次灌服。

方 20　头发 65 克,放在 600 毫升棉籽油内炸焦,莱菔子 150 克(研细),大蒜 130 克(捣碎)混匀,候温。大牛 1 次灌服。

方 21　煤油 150～200 毫升,白酒 250 毫升,混合。大牛 1

次灌服。

方 22　食盐 30 克,碱面 15 克,大蒜 150 克(捣碎),白酒、温水各 0.5 升,混合。大牛 1 次灌服。

方 23　旧草帽(麦草编)1 个,煎汁 2 碗,加鸡蛋 5 个(用蛋清),混合。大牛 1 次灌服。

方 24　皂角 65 克,放在 500 毫升香油内炸焦、捣碎,候温。大牛 1 次灌服。

方 25　豆秸灰 130 克,放在 500 毫升香油内煮开 10 分钟,候温。大牛 1 次灌服。

方 26　白酒 100 毫升,红糖 130 克,炒姜 65 克(捣碎),香油 200 毫升,加水 500 毫升,调匀。大牛 1 次灌服。

方 27　生姜 20 克(捣碎),棉籽油 100 毫升,混合煮开,晾冷去沫。大羊 1 次灌服。

方 28　葱根、蒜苗根各 50～100 克,麻雀粪(又名白丁香,以白者为佳)20～30 克,同用醋炒,捣成泥状,加白酒 50～100 毫升,水适量,调匀。大羊 1 次灌服。

方 29　椿树籽 0.5～1.0 千克研末,加香油 0.5 升混合。大牛 1 次灌服。

方 30　大蒜、茴香各 150 克,灯芯 30 克,共同研碎,用开水 2 升冲调,候温。大牛 1 次灌服。

方 31　菜油 0.5～1.0 升,食醋 300～500 毫升,混合。牛 1 次灌服。

方 32　鲜吴茱萸叶 200～250 克。捣烂加冷水适量。牛连渣灌服。

方 33　吴茱萸、烟叶各 50 克,共捣碎加水 1 升。牛 1 次灌服。

方 34　食盐 100～150 克,腌菜水 0.5～1.0 升,混合。待

食盐溶化后给牛 1 次灌服。

方 35　鲜蚯蚓 100～150 克,洗净,加白糖 50～100 克。放入盆内混匀,待蚯蚓溶化后加入冷水 100～150 毫升。牛 1 次灌服。

方 36　小茴香 150～300 克,研末,开水冲调,候温。牛 1 次灌服,羊剂量减半。

方 37　烟杆水(吃过烟的烟杆,把烟嘴取掉,口含清水吹洗烟杆内的烟油,反复几次)500 毫升。牛 1 次灌服。

方 38　煤油 50 毫升,石灰水 0.5 升(生石灰 200 克,常水 0.8 升,浸泡 4～12 小时后,取中层清液)与煤油同调。牛 1 次灌服。

方 39　鲜萝卜 1.5～2.0 千克,捣碎挤压取汁,加入菜油 300～500 毫升,调匀。牛 1 次灌服。

重瓣胃阻塞(百叶干)

【症　状】　初期食欲、反刍减退,并有慢性臌气,排粪次数减少,粪便干燥,呈羊粪状,后期则排粪停止。触诊右侧第七至九肋间与肩关节水平线处有痛感;瓣胃蠕动音减弱或停止。病情严重者卧地不起,鼻镜干燥,食欲废绝,反刍停止。

【治　疗】　加强护理,停食,多给水。选用下列处方:

方 1　面酱 0.5～1.0 千克,加水适量。大牛 1 次灌服。

方 2　芒硝 300～500 克,水 3～5 升。大牛 1 次内服。

方 3　动物油、植物油 500～800 毫升,白酒 100～200 毫升,温水 3～6 升。大牛 1 次内服。

方 4　旧葫芦瓢 1 个,旧蒲扇 1 把,蜣螂 10 个,共焙干研末,加胡麻油 0.5～1.0 升,温水 1 升,调匀。大牛 1 次内服。

方 5　食用醋 2～6 升,食盐 150 克,温水 1～2 升,混合溶解后给大牛 1 次内服。

方 6　胡麻油 0.5～1.0 升,鸡蛋 5～10 个(用蛋清),混合。大牛 1 次灌服,大羊用此量的 1/10～1/5。

方 7　麻籽 1.0～1.5 千克炒黄,炒食盐 100 克,共研细末,开水冲调,候温。大牛 1 日分早晚 2 次灌服。

方 8　大黄 250 克,碱面、牵牛子各 65 克,生葱 300 克,共同捣碎,加香油 0.5 升,开水 1.5 升冲调,候温。大牛 1 次内服。

方 9　麻油 0.5～1.0 升,头发 50～100 克(放油内炸焦)与麻油混合,牛 1 次灌服。或香油 1 升,头发 35 克(放油内炸焦),蜂蜜 250 克,加开水 3 升冲调,候温。大牛 1 次内服。

方 10　活泥鳅 500 克,放在 1.3 升食醋内,待粘液分泌到醋里后捞出,加入麻油 400 毫升,蜂蜜 200 毫升,鸡蛋 5 个(用蛋清),水 0.6 升,混合。大牛 1 次灌服。

方 11　鲜柏树叶 500 克(捣碎),用水 2 升煎汁 0.5～1.0 升,去渣后加香油 0.5 升,候温。大牛 1 次灌服。

方 12　柏子仁 200 克(炒研),榆白皮 400 克(捣碎),加水 4 升煎汁 2 升,去渣,候温。大牛 1 次灌服。

方 13　滑石 65 克,大黄 150 克,芒硝 250 克,共研细末,用开水 2.5 升冲调,候温。大牛 1 次灌服。

方 14　芒硝 250 克,牵牛子 40 克,共研细末,加熟猪油 0.5 千克,开水 2 升冲调,加胡麻油 150 克,混合,候温。大羊 1 次灌服,牛用此量的 5～6 倍,驼用此量的 10 倍。

方 15　韭菜根 0.5～1.0 千克,桑根白皮 250 克,共加水煎汁 1 升,加食盐 90 克,香油 0.5 升。大牛 1 次灌服。

方 16　糜子 200 克,放在 1 升胡麻油内炸焦,候冷。大牛 1 次灌服。

方 17　芒硝 400 克,豆浆 2.5 升,酒 150 毫升,水 0.5 升,混合。大牛 1 次灌服。

方 18　白萝卜 5 千克(捣碎拧汁),猪板油 1 千克(切碎),混合。大牛 1 次灌服。

方 19　鲜韭菜 750 克(切碎),加水 2 升煮熟,加豆油 0.75 升调匀,候温。大牛 1 次灌服。

方 20　严重梗塞,投药无效时,可在牛右侧第十肋骨前缘、肩关节水平线(距肋骨末端上 3～4 指)处,用长 13 厘米针头与胸壁垂直刺入重瓣胃,刺后,先注入少量生理盐水,抽出物可见混有食物残渣,证明已刺入瓣胃,然后注入 25％精制芒硝灭菌溶液 0.4 升,或经消毒过滤的食醋 0.5 升。

方 21　胡麻仁 0.6～1.0 千克,菜油 0.5～1.0 升。用文火将胡麻仁煎煮 2 小时,候温,加入菜油。牛 1 次灌服。

方 22　大麻仁 0.5～1.0 千克研末,白萝卜 0.7～1.0 千克切碎,用水 3 升熬至 2 升,趁热冲调猪油 150～200 克,候温。牛 1 次灌服。

方 23　蜣螂 10～15 只烘干,菜油 250～500 毫升煮沸,把蜣螂放入菜油中熬松,取出研末,调菜油,候温。牛 1 次灌服。

方 24　猪板油、蜂蜜各 0.5～1.0 千克,蝼蛄 10～20 个,将蝼蛄置瓦上焙干研末,再将板油切细,放入 1.5～3.0 升水中煮沸 2 分钟后捞出,待冷却后,与蝼蛄末、蜂蜜混合。牛 1 次灌服。

方 25　玉米面 1～2 千克,酒曲 125～250 克,混合,放入盆内加水适量,调成粥状,待玉米面发酵,有特殊酸味时,将食盐 100～200 克放入 2.5～5.0 升温水中溶化后,调稀发酵面。牛 1 次灌服。

方 26 菜油 0.5～1.0 升,煮开待凉,醋 0.5～1.0 升,混合。牛 1 次灌服。

方 27 田螺 300～500 克捣烂取汁,加水适量。牛 1 次灌服。

方 28 白萝卜 5～10 千克,切碎捣烂,牛 1 次连渣喂服。

方 29 白萝卜 5～7 千克切片煮烂取汁,生芝麻 500～700 克,仙人掌 0.5～1.0 千克去刺捣碎,混合。牛 1 次灌服。

方 30 鲜西瓜皮 3.5～5.0 千克。喂牛。

方 31 鲜侧柏叶 0.5～1.0 千克,捣烂后与水豆腐 250～500 克混合灌服,15 分钟后再给牛灌猪油 300～750 克。

方 32 芭蕉头 10～15 个捣烂取汁,加麻油 300～500 毫升和水适量。牛 1 次灌服。

方 33 榆树皮 200～300 克,加水 3 升,煎至 2 升,去皮渣,加入植物油 200～300 毫升,酸菜水 1 升,同调。牛 1 次灌服。

翻胃吐草

【症　状】 初起精神不佳,食欲减退,粪便粗糙,有时吐草;日久消瘦,毛焦欣吊,鼻浮面肿。口吐混有粘沫的草团。严重者卧地难起。多发生于老弱马牛。本病与现代医学的骨软症相似。

【治　疗】 选用以下处方:

方 1 霜桑叶 120 克,蒲公英 150 克(鲜者用 500 克),灶心土 200 克,烧枣(去核切碎)70 克,生姜 30 克,共研细末,开水冲调,候温。大畜 1 次灌服。

方 2 炒盐 20 克,胡椒面 5 克,鸡蛋壳 100 克,小茴香 50 克,共研细末,开水冲调,候温。大畜每日 1 次灌服,10 剂为一疗程。

方 3 甘草 150 克，生姜 80 克，炒食盐 50 克，灶心土 250 克，共研细末，用热白米汤 2 升调匀。大畜每日 1 剂灌服，连灌 5 日后改为煎汁 1 升灌服，再服 5 日为一疗程。羊猪用此量的 1/8～1/5。

方 4 盐乌梅 50 克，灶心土 200 克，绿豆 250 克，水煎两次得混合汁 2 升。大畜 1 次灌服，羊猪用此量的 1/5。

方 5 麸皮（炒焦）、灶心土各 250 克，青萝卜 150 克（焙干），共研细末，加醋 500 毫升、开水 1.5 升，调匀，候温。大畜 1 次灌服。

方 6 鲜姜 150～200 克榨取姜汁，加入蜂蜜 100 毫升，水适量调匀。大畜 1 次灌服。

方 7 法半夏 30 克，茯苓 60 克，生姜 100 克，灶心土 250 克，共研细末，开水 1.5 升冲调。大畜 1 次灌服。

方 8 旋覆花 100 克，乌梅 120 克，兽骨粉 100 克，共研细末，开水 1.5 升冲调。大畜 1 次灌服。

方 9 陈石灰面 500 克，溶入 6 升水中，取上清液 2.5～3.0 升，加醋 1 升混合。大牛每日 1 次灌服，5 次为一疗程。

方 10 生姜 120 克，苏子 150 克，茄子柄 200 克（焙干），共研细末，用淘米泔水 2.5 升煎开冲调，候温。大畜每日 1 剂灌服。10 剂为一疗程。

方 11 韭菜 1 千克，生姜 120 克，共同切碎捣烂，加牛奶或豆浆 2 升调匀。大畜 1 次灌服，驼加倍，猪羊用此量的 1/5。

方 12 生姜 65 克，大蒜 70 克，神曲 130 克，共研细末，开水 2 升冲调，候温。大畜 1 次灌服。

方 13 田螺 7 个，食盐 25 克，大蒜 4 瓣，同捣为泥，开水 1 升冲调，候冷。大羊 1 日分早晚灌服完。

方14 生石膏 35 克,大黄 10 克,柿蒂 5 克,共研细末,开水 0.5 升冲调,候温。驹犊 1 次灌服。

方15 蝼蛄、蜣螂各 7～8 个,陈皮 25 克,共同微火焙干研末,开水冲调。大猪羊 1 次灌服。

方16 陈皮 15 克,芦根、炒白米各 100 克,共煎汁 400～700 毫升。大猪羊 1 次灌服。

方17 棉花壳 100 克,韭菜 500 克,生姜 50 克,水煎两次得混合汁 2 升,加醋 0.5 升。大畜 1 次灌服,羊猪用此量的 1/8～1/5,驼用此量的 2 倍。

方18 陈石灰 0.5 千克,加开水冲化取上清液 1.5 升,鲜韭菜拧汁 0.5 升,鲜鹅血 250～500 毫升,混合。大畜 1 次灌服。

方19 葱白 50 克,生姜 30 克,红糖 100 克,共捣烂,适量开水冲调,候温。大羊 1 次灌服。

方20 丁香 45 克,柿蒂 80 克,党参 100 克,生姜 60 克,共研细末,开水冲调,候温。大畜 1 次灌服,羊猪用此量的1/5。

兔便秘

【症 状】 初期粪便减少,粪球细小坚硬;病后期胃肠膨胀,停止排粪。病兔表现急躁不安,精神不振,食欲减少,甚至废食。

【治 疗】 可选用下列处方:

方 1 内服麻油或植物油。大兔服 15～18 毫升,小兔服 5～10 毫升,灌服时加等量温水。同时施行腹部按摩。

方 2 芒硝 5～6 克。成兔 1 次内服,仔兔减半。

方 3 大黄苏打片 1～2 片,内服。1 日 2 次。

方 4 温肥皂水 30～40 毫升,灌肠。先叫兔侧卧,固定好位置,用 1 根细橡皮管(如人用的导尿管),前端涂植物油,缓缓插入肛门,接上吸有肥皂水的注射器,注入直肠内。

兔胃肠炎

【症　状】　精神不振,不活动,食欲不好或突然不食。初期排稀粪,次数逐渐增多,严重时粪便常带脓性粘液,味恶臭。迅速消瘦,若治疗不及时,则很快死亡。

【治　疗】　可选用下列处方:

方 1　大蒜 2~4 克,捣碎,内服。每日 1 次,连服 2 日。或 1 份大蒜加 5 份水,捣成汁,每日 3 次,每次 5 毫升。

方 2　将大蒜 400 克捣碎,加白酒 1 升,浸 7 日,过滤去渣后即为大蒜酊。每只兔 2.5 毫升,加水倍量,内服,每日 2 次,连服 3 日。

方 3　木香 1 份,黄连 3 份,共研末。成年兔每次 0.5 克,幼兔减半。每日 3 次内服,连服 2 日。

方 4　饲料中加木炭末或锅巴(锅底烧黄的饭块)。任兔自由采食。

方 5　植物油 10~15 毫升,内服,清除肠道内含毒的粪便。经 8~10 小时后煎浓茶 1 碗,连同茶叶分次喂完。

方 6　喂服沙枣树叶,有一定疗效。

兔大腹病(膨胀)

【症　状】　食欲减退至废绝,腹部膨大,胃肠内充满气体,呼吸急促、困难。有的流涎,伏卧不安。可视粘膜潮红或发绀。

【治　疗】　可选用下列处方:

方 1　植物油或蓖麻油 15~18 毫升,加等量的开水。1 次灌服,并按摩腹部。

方2　食醋40毫升。1次内服。

方3　大蒜泥6克,食醋20毫升,1次内服。

方4　獾油1汤匙(约15毫升),内服。孕兔忌服。

方5　芒硝5克,1次内服。

方6　大黄苏打片1～2片,内服。

方7　萝卜汁10～20毫升,加多酶片2～3片,1次内服。

兔胃食滞(伤食)

【症　状】　兔采食后数小时内发病。表现不安,不吃食,腹部膨大,腹痛。触摸胃部,其内充满气体和食物。呼吸促迫,结膜潮红至发紫。

【治　疗】　停食24小时。可选用下列方法:

方1　神曲3克,麦芽3克,山楂3克,加水煎汁灌服。小兔酌减。

方2　食醋30～50毫升,内服。

方3　蓖麻油或植物油10～15毫升,内服。

方4　大黄苏打片0.5克,内服。日服2～3次。

方5　用手指轻轻按摩胃部,使食物往下运行。

鸡硬嗉病(嗉囊阻塞)

【症　状】　患鸡精神沉郁,倦怠无力,食欲减退或废绝,翅膀下垂,不愿活动,嗉囊膨大,触摸坚硬,有时由口内发出腐败的气味。轻者生长发育迟缓,停止下蛋。重者由于胃肠全部阻塞,整个消化道处于麻痹状态,最后导致死亡。

【治　疗】　可选用下方:

方1　植物油2克,芒硝1克,喂服。或用注射器将植物油注入嗉囊内,以手在嗉囊外部轻轻向食管方向揉压,使食物排入食道。

方 2　普通水 1 升,加入小苏打 15 克,用注射器注入嗉囊内,反复多次,使嗉囊膨胀,将鸡头朝下,以手轻压挤出积食和水。嗉囊排空后,投予适量植物油。

鸡软嗉病

【症　状】　嗉囊胀大充满气体,手摸感到有软绵食团。病鸡没精神,鸡冠乌紫,不吃食,乏弱爬卧,头颈伸展,常从嘴里发出腐败气味。按压嗉囊常从鼻孔流出有臭味的混浊液体。如嗉囊堵塞,则呼吸困难,伸颈张口,重的窒息而死。

【治　疗】　可选用下列处方:

方 1　把鸡头朝下提起,沿颈按摩嗉囊,同时用橡皮管将 1% 胆矾水灌到嗉囊内冲洗,把水放出后再按摩嗉囊。

方 2　嗉囊积食过多时,灌服少量清水或植物油,轻捏挤嗉囊,使食物由口排出或向食道输送,待嗉囊松软,再用药物治疗。

方 3　喂给大蒜 2～4 瓣,或灌服醋 1～2 茶匙,每日 1～3次。

鸡肠炎

【症　状】　消化不良引起的肠炎多发生于 2～3 周龄幼雏。患雏低头闭目,不吃食,羽毛逆立无光泽,两翼下垂,喜挤在炉旁取暖,腿有时麻痹,腹泻,肛门周围粘满粪便,最后衰弱而死。成鸡食欲减退,喜欢饮水,体弱无神,行动迟缓,呈嗜眠状,排软粪,以后排水样粪,多为黄白色,最后导致死亡。

【治　疗】　可选用下方:

方 1　把木炭捣碎，按 2% 比例放在饲料槽里，让鸡自由啄食。

方 2　芒硝 3 克，植物油 3 克，混合给成鸡灌服。给药后停食 1～2 次，再喂给大蒜 4～5 瓣。

第二章　呼吸系统疾病土偏方

鼻出血（衄血）

【症　状】　由一侧鼻孔流出鲜红色血液。注意与肺出血及胃出血区别：肺出血时，由两侧鼻孔流出带泡沫的鲜红血液；胃出血时，由两侧鼻孔流出污褐、混有食物碎渣的血液。

【治　疗】　可选用下列处方：

方 1　放阴凉安静处，抬高头部，冷水冲鼻额部。

方 2　用 2% 明矾水冲洗鼻腔。

方 3　冰片、血余灰（炭）各 3 克，共研末，用胶管吹入鼻腔内。也可不加冰片，加大血余灰量。

方 4　地榆炭、山栀、棕炭、炒蒲黄各 30 克，共为细末，开水冲调，加黄酒 200 毫升。大畜 1 次灌服。

方 5　鲜大蓟 350 克，萝卜 250 克，共捣碎，用白茅根 500 克煎汁冲调后，加蜂蜜 200 克，1 次灌服。

方 6　鲜墨旱莲草一把，洗净晾干，捣烂取汁，浸透药棉，晒干再浸，连浸连晒 5～6 次，至药棉变黑为度。用时把药棉塞入鼻内。

方 7　侧柏叶 200 克，桑叶 250 克，加水 2.5 升，煎汁 1 升，加蜂蜜 100 克调匀，候温。大畜 1 次灌服。

方 8　白茅根 150 克,藕节 200 克,鲜马齿苋 250 克,共同水煎两次得混合汁 2 升,候冷,加鸡蛋 6 个(用蛋清)。大畜 1 次灌服,猪羊用此量的1/5。

方 9　鲜小蓟或大蓟 300 克(干的 150 克),灶心土 200 克,共同煎汁 2 升,加陈醋 250 毫升,调匀。大畜 1 次灌服,猪羊用此量的1/5。

方 10　鲜艾叶 200 克(干的用 80～100 克煎汁),鲜苦苦菜 500 克,血余灰(炭)30 克,共同捣烂,加 10 个鸡蛋(用蛋清),调匀。大畜 1 次灌服,猪羊用此量的1/6～1/4。

方 11　鲜绿豆芽 200 克,鲜鸡冠花 100 克(干的 35～50 克煎汁),共同捣烂,加墨汁 100 毫升,10 个鸡蛋(用蛋清),调匀。大畜 1 次灌服,猪羊用此量的1/5。

方 12　鲜柏树叶 150～200 克(干的用 50～60 克),鲜蘑菇 100～150 克(干的用 50 克),鲜榆树皮 250～500 克(干的用 150～200 克),水煎两次得混合汁 2 升,加醋 250 毫升,调匀。大畜 1 次灌服,羊猪用此量的1/5,驼用此量的 2 倍。

方 13　生石膏 300 克,槐角 150～200 克,小蓟 65 克,共煎汁 2 升,加 10 个鸡蛋(用蛋清),调匀。大畜 1 次灌服,羊猪用此量的1/10～1/6,驼用此量的 2 倍。

方 14　竹叶 50～100 克,槐花 50～100 克(干的用 40～50 克),鲜榆树叶 0.5～1.0 千克,共煎汁 2～3 升,加 10 个鸡蛋(用蛋清),调匀。大畜 1 次灌服,羊猪用此量的1/5,驼用此量的 2 倍。

方 15　百草霜 100～150 克,血余灰(炭)30～40 克,共研细末,用榆树皮 500 克煎汁 1.5～2.0 升冲调,候温。大畜 1 次灌服,羊猪用此量的1/5,驼用此量的 2 倍。

方 16　鲜荷叶 250 克,鲜槐叶 300 克,鲜韭菜 500 克,共同切碎捣烂,加 10 个鸡蛋(用蛋清),调匀。大畜 1 次灌服,驼用此量的 2 倍。

方 17 健康山羊血 0.5～1.0 升,兽骨炭 50～100 克(研细),加 10 个鸡蛋(用蛋清),调匀。大畜 1 次灌服,驼用此量的 2 倍。

方 18 墨鱼骨 65 克,莲房炭 100 克,驴皮胶 150 克(打碎),用开水 2 升冲调,胶化后候微温。大畜 1 次灌服,羊猪用此量的 1/5,驼用此量的 2 倍。

方 19 鲜马齿苋 500 克,西瓜秧(烧炭存性,研末)80～100 克,共同捣烂,高粱稀粥 3 碗,调匀。大畜 1 次灌服。

方 20 糯稻根 150 克,石榴皮 120 克(干的 50～60 克)黑豆 200 克,共煎汁 2 升,候温。大畜 1 次灌服。

方 21 玉米须 80～120 克,鲜车前草 100～150 克,共同捣烂,加砂糖 150 克,用开水 2 升冲调,候温。大畜 1 次灌服,猪羊用此量的 1/5。

方 22 紫背浮萍、菊花叶各等份,揉烂塞入流血的鼻孔。治创伤性鼻出血。

方 23 白矾、百草霜各等份,研为细末,吹入出血的鼻孔。

方 24 大黄 150 克(研末),生地 100～150 克,煎汁 2 升,候温。大畜 1 次灌服。

方 25 蚕退纸(亦名蚕连纸,即蚕蛾在纸上排卵孵化后粘着卵壳的纸,烧灰存性)25 克,蜂蜜 100 克,开水 1.5 升冲调,候冷。大畜 1 次灌服,羊猪用此量的 1/5。

方 26 蚕豆荚壳 200 克,煎汁 1.5 升,候冷。大畜 1 次灌服。

方 27 三七 10～20 克。研细末加水灌服。

方 28　水田深处稀泥 0.5～1.0 千克,敷于牛天门穴(两耳根背侧连线正中,枕寰关节间的凹陷中)。

方 29　先用凉水淋患畜头、背部,掏出鼻内血凝块。将龙骨 30 克研成粉末,吹入鼻内。

方 30　鲜韭菜适量,捣烂塞入鼻腔。同时灌服韭菜汁适量。

方 31　百草霜(锅底灰)、百草丹(牛屎烧灰)适量,共研末混合,吹入鼻孔。

方 32　白茅根 20～40 克,竹叶 15～30 克。煎汤候温。大畜 1 次灌服。

方 33　荆芥 50～80 克(炒黑),栀子 30～60 克,煎汤去渣,候温。大畜 1 次灌服。

感　冒

【症　状】　患畜精神沉郁,头低耳聋,眼半闭,结膜潮红,有的轻度肿胀,怕光流泪。皮温不整,耳尖、鼻端发凉,体温升高,呼吸加快,食欲减退或废绝。病畜往往咳嗽,流水样鼻液。肺泡音增强,心跳加快,心音强盛。

【治　疗】　可选用下列处方:

方 1　霜后黄瓜秧 25 克,大葱 30 克,煎汁适量,候温。大羊 1 次灌服。

方 2　大葱白 20 克,绿豆 25 克,鲜姜 3 片,煎汁适量。大猪羊 1 次灌服。

方 3　生石膏 35 克,白糖 40 克,绿豆 50 克,煎汁适量。大猪羊 1 次灌服。

方 4　鲜葱白 65 克,淡豆豉 40 克,生姜(或白芷)5 克,加水煎汁 300 毫升。大猪羊 1 次灌服。大畜用此量的 5 倍。

方 5 霜后白扁豆秧、大蒜各 25 克,共切碎捣烂,开水冲调,候温。大羊 1 次灌服。

方 6 紫苏梗叶 70 克,生姜 45 克,加水煎汁 700 毫升,候温。大畜 1 次灌服。

方 7 竹叶 45 克,薄荷 30 克,杏仁 20 克,连翘 20 克,加水煎汁 1 升,候冷。大畜 1 次灌服。

方 8 滑石 60 克,甘草 15 克,薄荷 30 克,研末,开水冲调,候温。大畜 1 次灌服。

方 9 扁豆花 45 克,金银花、藿香各 40 克,厚朴 25 克,加水煎汁 1 升,候温。大畜 1 次灌服。

方 10 板蓝根 100 克,葛根 80 克,鲜芦根 200 克,加水煎汁 1 升,候温。大畜 1 次灌服,羊猪用此量的 1/5。

方 11 生姜 15 克,冰糖 40 克,煎汁 250 毫升,候温。大羊猪 1 次灌服。大畜可用生姜(切片)100～200 克,红糖(炒焦)100～200 克,加水 2.5 升,煮沸 10 分钟去渣,候温。1 次灌服。

方 12 野菊花(黄菊花、路边菊)100 克(干的 40 克),大青叶(板蓝根或南板蓝根叶)50 克,加水煎汁 1 升,候温。大畜 1 次灌服。

方 13 麻黄 50 克,绿豆 100 克,加水煎汁 1 升,候温。大畜 1 次灌服,服后避风使耳根微汗。

方 14 霜桑叶 20 克,西河柳(柽柳)15 克,生姜 5 克,加水煎汁 200 毫升。大羊 1 次灌服,大畜用此量的 4 倍。

方 15 冬梨 6 个,生姜 20 克,杏仁 30 克,共煎汁 1.5 升,加蜂蜜 120 克混合。大畜 1 次灌服。

方 16 白菜根 250 克,生葱白 50 克,苏叶 30 克,加水煎汁 150 毫升。大畜 1 次灌服。

方 17　鹅不食草(石胡荽、砂药草、球子草)45 克,大青叶50 克,加水煎汁 1.5 升。用 200 毫升冲洗鼻孔,其余供大畜 1次灌服。

方 18　贯众 60 克,薄荷 45 克,煎汁 1.5 升。大畜 1 次灌服。

方 19　柴胡 35 克,金银花 60 克,防风 35 克,茵陈蒿 60克,煎汁 1.5 升。大畜 1 次灌服。

方 20　侧柏叶、蒜瓣子、葱根各 100 克,苍耳子(或茎叶)80 克,白矾 50 克,共煎汁 3 升。给家畜冲洗鼻孔,每次适量,1日数次。

方 21　白杨树皮 200 克,薄荷 25 克,大青叶 45 克,荆芥30 克,煎汁 1.5～2.0 升。大畜 1 日分 2 次灌服。

方 22　冬青叶 20 克,青蒿 50 克,煎汁 200 毫升。大羊 1次灌服。

方 23　白菜根、萝卜各 100 克,红糖 50 克,葱白 35 克,共煎汁 200～300 毫升。大猪羊 1 日服完,大畜用此量的 5 倍。

方 24　黄花菜 45 克,白胡椒末 1.5 克,红糖 50 克,共煎汁 200 毫升,加醋 50 毫升混合。大猪羊 1 次灌服。

方 25　生姜 100～200 克,大蒜 100～150 克捣烂,加入陈醋 250～500 毫升,温水适量。大畜 1 次灌服。

方 26　防风 30～50 克,生姜 20～40 克,灶心土 50～100克,凤凰衣(孵化后的鸡蛋壳)10～20 个。上药加水 2 升,煎至1 升,去渣与酒 100 毫升混合。大畜 1 次灌服。

方 27　鹅不食草、细辛、牙皂各等份,碾细末,混匀。取药末少许吹入猪鼻腔中(无鹅不食草亦可)。

方 28　石膏 30～80 克,麻黄 2～4 克,桂枝 3～6 克,水煎服。治猪感冒。

方 29 大蒜 5～10 份，捣烂，用 90～95 份水浸泡半日，取浸液洗鼻，1 日 2～3 次。治兔感冒。

方 30 葱白 10 克，生姜 3 克，食盐 2 克。煎汁 1 次服完。治兔感冒。

方 31 生姜 3 克，大蒜 1～3 瓣，煎汁混料中喂饲或灌服，每日服 2 次，连服 2 日。治兔感冒。

方 32 桑叶、嫩桑枝、桑根皮，选其中一种，用 15 克，加水煎服。治兔感冒。

方 33 白糖、绿豆各 500 克(100 只雏鸭用量)，煎汁服用，连用 3 日。治雏鸭感冒。

鼻　炎

【症　状】 流鼻液，病初是浆液性，后则变为粘液性或脓性，往往在鼻孔周围结痂，鼻粘膜潮红肿胀，有时形成溃疡，呼吸不畅。一般体温不升高。颌下淋巴结稍肿大，有时并发结膜炎，应注意检查喉头及额窦以区分原发和继发。

【治　疗】 酌情选用下列处方：

方 1 桑叶 250 克加水煮汁 800 毫升去渣，加蜂蜜 120 克、生姜 100 克(切碎)，混合调匀，候温。大畜 1 次灌服。

方 2 防风 35 克，桑叶、桔梗、大青叶各 30 克，辛夷 35 克，甘草 20 克，共为末，开水冲调，候温。大畜 1 次灌服。能祛风清热通肺窍。

方 3 薄荷 100 克(干的 80 克)，苍耳子 80 克(鲜茎叶 200 克)，水煎两次得混合汁 1 升，浓缩成 0.5 升，加蛋黄油(煮熟的蛋黄炒出油)50 毫升混合。每次用药棉蘸适量涂抹鼻孔粘膜上，1 日数次。鼻粘膜红肿热痛时用。

方 4 辛夷 45 克，白蒺藜 50 克，薄荷 20 克，煎汁 1 升。大畜 1 次灌服。鼻塞痒痛用。

方 5 川芎 30 克，白芷 40 克，茶叶 15 克，共研末，葱白 50 克捣烂，开水 1.5 升冲调，候温。大畜 1 次灌服。治寒痒疼。

方 6 辛夷 15 克，苍耳子 25 克，黄柏 30 克，白芷 20 克，细辛 15 克，冰片 5 克，共研细末。每次吹入鼻孔少许，1 日数次。治鼻肿疼流涕。

方 7 紫皮蒜 400 克（捣汁），加生理盐水 600 毫升，芝麻油 250 毫升，混合装入净瓶备用。用时摇匀，每次用药棉蘸此药液涂于鼻孔粘膜上。治萎缩性鼻炎。

方 8 鹅不食草 30 克，薄荷 10 克，白芷 15 克，冰片 5 克，共研细末。每次吹入鼻孔少许，1 日数次，治慢性鼻炎。

方 9 西瓜秧（焙干）60 克，丝瓜秧（用近根者焙干）65 克，苍耳子 30 克，共研细末。开水 1.5 升冲调。大畜 1 次灌服。治鼻炎蔓延成副鼻窦炎。

方 10 鲜大青叶 200 克，鲜瓦松 200 克，共同捣烂拧汁。用药棉蘸汁涂鼻粘膜上，每日 3 次。治鼻炎、副鼻窦炎。

方 11 鱼腥草 40 克，荆芥 30 克，共研细末，加猪苦胆 3 个、白糖 60 克，开水 1.5 升冲调，候温。大畜 1 次灌服。治急慢性鼻炎。

方 12 连皮老刀豆（焙干）100 克，丝瓜秧（焙干）60 克，共研细末，开水冲调。大畜 1 日 1 次灌服。治慢性鼻炎。

方 13 荆芥穗 50 克，藕节（焙干）60 克，茶叶 15 克，热米汤冲调，候温。大畜 1 次灌服，治鼻炎流涕。

方 14 枇杷花 35 克，丝瓜络 60 克，辛夷 40 克，共研细末，加白糖 150 克，开水冲调。大畜 1 次灌服。治鼻炎肿疼，呼吸不畅。

方 15 先用 10％白矾水溶液冲洗鼻孔，再用炒盐、枯矾各等份研末,每次吹入鼻腔少许,1日3次。治流鼻涕。

方16　白矾65克(研末),猪苦胆汁100毫升,酸菜水2.5升,调匀。大畜1次灌服。治肝肺湿热吊鼻。

方17　荞麦面250克(炒成半生半熟),蜂蜜120克,开水冲成稀糊,候温。大畜1次灌服。治鼻炎流脓涕。

喉炎(嗓黄)

【症　状】　咳嗽为主要症状,病初发干而痛苦的短咳,后变为湿性长咳。在早晚吸入寒冷空气或饮冰冷的水,或采食混有尘土的草料以及剧烈活动时咳嗽加剧,有时发生痉挛性咳嗽。喉部触诊易引起剧烈的咳嗽,且显示痛苦。听诊有喉头狭窄音或湿性罗音。喉粘膜高度肿胀时呈呼吸困难。伴发咽炎时饮水常从两鼻孔流出,同时头颈伸直,吞咽困难。

【治　疗】　严重的要中西医结合治疗。一般可选用下列处方:

方1　雄黄、大黄、白矾各等份,共研细末,生葱、麻油适量,共调成糊。每日早晚各敷于喉部皮肤1厘米厚。每次敷药前先用薄荷、苍耳草或籽各适量煎汁,将剪过毛的喉部洗净,并用此药水作蒸气吸入半小时。治喉肿咳嗽。

方2　胖大海50克,霜桑叶40克,蒲公英50克,煎汁2.5升。先用其蒸气吸入半小时,候温,给大畜1次徐徐灌服。重者每日早晚各1剂。治喉炎肿疼咳嗽。

方3　薄荷50克,大青叶100克,野菊花或叶100克,共煎汁5升。1日分2次给大畜蒸气吸入半小时,候温,徐徐灌服。治喉炎痒痛咳嗽。

方4　雄黄4份,白矾10份,冰片3份,黄柏15份,青黛5份,硼砂4份,共研细末。用小纱布袋装药10克左右,放入家畜口中含漱(用带系于头部固定),吃草时取出,食后再放入,每日换药1～2次。治咽喉肿痛腐烂。

方5　鲜苇根2千克,鲜败浆草1.5千克,共同切碎捣烂拧汁,加淘米水1升,混合煮沸,候冷。大畜徐徐灌服。

方6　薄荷60克煎汁1.5升,加白糖100克、鲜萝卜汁1.5升、生姜汁50毫升。大畜徐徐灌服。清喉消肿止痛。

方7　霜丝瓜5个,蝉蜕50克,均切碎煎汁1.5升,加白糖100克调匀,候温。大畜1次徐徐灌服,羊猪用此量的1/5。利咽喉消肿疼。

方8　生冬瓜子(捣碎)100克,茶叶30克,胖大海50克,共煎汁2升,候温。大畜1次徐徐灌服,羊猪用此量的1/5。消肿毒,止疼咳。

方9　菊花60克,桑白皮100克,百合80克,加水3升煎两次得混合汁2升,再加蜂蜜100毫升调匀,候温。大畜1次徐徐灌服,羊猪用此量的1/5。能滋润清理咽喉。

方10　雪梨5个,枇杷叶100克,地骨皮60克,加水3升煎汁2升,再加蜂蜜100毫升调匀,候温。大畜1次徐徐灌服,羊用此量的1/5。清喉止咳。

方11　蝉蜕40克,诃子50克,僵蚕35克,乌梅30克,加水3升煎汁2升,候温。大畜1次徐徐灌服。利喉止疼,祛风消痰。

方12　牛蒡子50克,甘草40克,藕节100克,桔梗30克,加水3升煎汁两次得混合汁2升,候温。大畜1次徐徐灌服。清热止咳。

方13　新槐角(籽花皆可)35克,冬瓜仁(捣碎)100克,菖蒲根50克,加水4升煎汁3升,候温。大畜1日分2次徐徐灌服。能清喉开窍。

方 14　白芥子 30 克(研末),加绿豆面 300 克、鸡蛋 7 个(用蛋清),用醋调成糊状。涂于喉头肿胀部一层,2 小时后,用薄荷、艾叶等份煎汤洗净,每日早晚各涂 1 次。消肿止痛。

方 15　白杨树皮 250 克,鲜柳树枝 150 克,白萝卜茎叶 500 克,加水 5 升煮沸作蒸气吸入半小时,然后滤汁,候温。大畜徐徐灌服 1.5～2.0 升,每日早晚各 1 次。消肿疼,祛痰止咳。

方 16　苦豆子根适量捣碎,装入小纱布袋中,用带拴于头部,放口中含漱。能消肿解毒。

方 17　鲜槐叶、鲜柏叶、生葱各等份,共捣碎烂,用鸡蛋清调敷肿疼处。治喉炎红肿热疼。

方 18　鲜槐叶 200 克,蒲公英 100 克,生葱 60 克,蜂蜜 100 克,加水煎汁 2 升。大畜 1 次徐徐灌服。治喉肿发烧咳嗽。

方 19　癞蛤蟆 1 只(捣烂),槐耳(槐蛾)250 克,煎汁 2 升,加醋 200 毫升调匀。大畜 1 次徐徐灌服。攻毒消肿。

方 20　癞蛤蟆 4 只,剖肚去肠杂,各装满蒜泥焙焦,加雄黄 30 克共研细末。分为 4 份,每日早晚各用 1 份,开水冲调,候温。大畜徐徐灌服。治喉肿恶症。

方 21　患部用 10% 食盐水热敷。治急性喉炎。

方 22　渗出物特别粘稠,痰液不能排出时,可用小苏打、茴香末各 30～50 克,开水调匀,候温。马牛 1 次灌服。

支气管炎

【症　状】　急性支气管炎体温多为微热或中热,精神不振,食欲减退。病初为干短而强的持续性咳嗽,以后呈湿性长咳。流粘液性或粘液脓性鼻涕。气管敏感,触压喉头即咳。胸部听诊肺泡音增强,有干、湿罗音。慢性者体温一般正常,被毛蓬乱无光,常有阵发性咳嗽,多为粘液脓性鼻液。胸部可听到罗音和特殊的呼吸音。

【治 疗】 可选用下列处方:

方1 白矾、滑石各40克,大黄45克,共研细末,开水2升冲调,加酥油150克溶化后候温。驼1次灌服。治慢性支气管喘息。

方2 蜂蜜100克,鸡蛋6个(用蛋清),白矾(研末)50克,用微温米汤调匀。大畜1次灌服。治慢性支气管喘咳。

方3 血余(油炸研末)35克,蜂蜜120克,开水1.5升冲调,候温,加鸡蛋7个。大畜1次灌服。治慢性支气管喘咳鼻出血。

方4 向日葵花盘(去籽)500克,煎汁1.5升,鲜韭菜500克(捣烂取汁),鸡蛋8个(用蛋清),蜂蜜120克,共调匀。大畜1次灌服,羊猪用此量的1/5。治感冒日久、肺热咳嗽。

方5 韭菜根250克煎汤1.5升,加葶苈子末35克冲调候冷,加白糖150克,鸡蛋6个(用蛋清),混合。大畜1次灌服。治气管炎咳喘日久体虚。

方6 火麻仁250克捣碎,胡萝卜1千克切碎捣烂,开水冲调,加蜂蜜100克。大畜1次灌服。治慢性气管炎久咳、粪干。

方7 南瓜(去籽切碎)2千克,加水2.5升煮嫩熟,去渣取汁,生姜40克(切碎拧汁),白糖150克,调匀,候温。大畜每日1~2剂灌服,连服2周。治慢性气喘咳嗽、不耐寒冷。

方8 熟猪油150克,大蒜泥50克,蜂蜜100克,白矾(研末)20克,加温水适量调匀。大畜1次灌服,羊猪用此量的1/5。治慢性支气管炎咳嗽发喘、便干。

方9 大黄100克(研末),蜂蜜250克,浆水2.7升,调匀。驼 1 次灌服。治慢性支气管炎喘咳、便干。

方 10　牛蒡子 60 克,杏仁 50 克,甘草 100 克,炒糯米 250 克,共研细末,开水冲调,候温。大畜 1 次灌服。治肺燥气虚咳嗽。

方 11　苏子 100 克,生姜 50 克,蜂蜜 100 克,杏仁 50 克,水煎两次得混合汁 1.5 升,加酥油 100 克调匀。大畜 1 次灌服,羊用此量的 1/5。治肺寒咳喘。

方 12　白萝卜 1 千克,皂角刺 5 克,枇杷叶 100 克,煎汁 1.5 升。大畜 1 次灌服,羊用此量的 1/5。治肺热咳喘胸痛。

方 13　鲜韭菜、白萝卜各 500 克,杏仁、牛蒡子各 50 克,共切碎捣烂,开水适量冲调。大畜 1 次灌服,羊猪用此量的 1/6～1/5。治急慢性支气管炎咳喘发烧。

方 14　冬瓜子 100 克,萝卜子 80 克,白芥子 40 克,共炒研末,开水冲调,候温。大畜 1 次灌服,猪羊用此量的 1/5。治气管炎咳喘多痰涕。

方 15　丝瓜(焙干研末)120 克,鲜百合(捣烂)150 克,用大枣 30 个煎汤 1.5 升冲调,候温。大畜 1 次灌服。治喘咳日久气虚、痰涕粘稠。

方 16　白茅根 150 克,榆树皮 200 克,车前草(或子)100 克,煎汁 1 升。大畜 1 次灌服,猪羊用 1/5 量。治喘咳涕痰或粪尿带血。

方 17　芹菜根 250 克,白萝卜 500 克切碎,橘子皮 45 克,共煎汁 2 升,候温。大畜 1 次灌服。治气管炎干咳微喘。

方 18　玉米须 30 克剪碎,瓜蒌、芝麻各 100 克,生姜 45 克,捣研细碎,开水冲成稀糊,候温。大畜 1 次灌服。治肺虚久咳、痰喘胸闷。

方 19　蔓菁 200 克切碎,豆腐 500 克捣碎,开水冲调。大畜 1 次灌服。治风热咳嗽气喘。

方 20　蚱蜢(草蜢、蝗虫)50～100 个焙干研末,鲜南瓜藤
250 克(捣拧取汁),白米汤适量调匀。大畜 1 次灌服。治慢性
咳喘、涕痰粘稠。

方 21　南瓜蒂 150 克,冬瓜藤 200 克,扁柏叶 100 克,红
枣 40 个,共煎汁适量。大畜 1 次灌服。治肺虚痰火咳喘。

方 22　冬瓜子 100 克,豆腐 500 克,白桑葚 200 克,共捣
碎烂,白米汤适量调匀。大畜 1 次灌服。治肺热咳嗽日久、涕
痰不利。

方 23　马齿苋 200 克,槐米 50 克,芫荽 100 克,共同捣
烂,加蜂蜜 60 克,米汤适量调匀。大畜 1 次灌服。治急慢性咳
喘、涕痰黄粘恶臭。

方 24　枣树皮 150 克,丝瓜 200 克,共煎汁 2 升,加米糠
200 克、白矾 35 克研末,调匀,候温。大畜 1 次灌服。治肺虚痰
火喘咳、胸疼。

方 25　柏树叶 100 克,猪肺 500 克,白胡椒 15 克(研
末),加水煮熟去柏叶,连肺和汤捣和给大畜灌服。治肺虚咳嗽
日久、涕痰带血。

方 26　苦苦菜 500 克,葱根 50 克,梨 200 克,共捣碎烂,
加米汤适量调匀。大畜 1 次灌服。治阴虚肺燥、咳嗽气促。

方 27　蜂房 50 克焙干研末,用艾叶、桑叶、槐枝各 50 克
煎汁适量冲调,候温。大畜 1 次灌服。

方 28　蚯蚓 45 克(活的用 15～20 条),鲜艾叶 45 克(干
的减半),车前草 100 克(或子 60 克),共水煎两次得混合汁 2
升,加白蜂蜜 100 毫升,调匀,候温。大畜 1 次灌服。

方 29　龙葵(天茄子、苦葵、天泡草)全草 200 克(干的
150 克),甘草 50 克,侧柏叶 100 克,共煎汁 2 升。大畜 1 次灌

服。治慢性气管炎咳喘多痰涕。

方 30　白皮松塔 150～200 克,三棵针(大叶小檗、刺黄连)皮 100～150 克(干的 30 克),共水煎两次得混合汁 2 升。大畜 1 次灌服。治咳喘发烧。

方 31　棉花根 250～300 克,白蜡树皮(秦皮)45～50 克,水煎两次得混合汁 1.5 升。大畜 1 次灌服。治体虚咳嗽痰涕多。

方 32　鸡蛋 5 个(用蛋清),白及末 30 克,炒萝卜子 120克,共为末,开水调服。每日 1 次,连用 3 天。治急性支气管炎。

方 33　竹叶 60 克,白茅根 90 克,炒萝卜子 120 克,共为末,开水冲调,加入蜂蜜 120 克。大畜每日 1 次灌服,连用 3～5 天。治急性支气管炎。

方 34　卤碱 50～100 克,温水调服。大畜 1 次量。

方 35　食醋 500 克,甘草末 30 克,冰片 9 克,温水适量调服。每日 1 次,连用 3 日。治大畜慢性支气管炎。

小叶性肺炎(支气管肺炎)

【症　状】　此病可突然发生,全身症状明显,结膜充血,呼吸促迫,有干痛咳嗽。在全身症状恶化时表现精神沉郁,食欲减退或不食,饮水增加,鼻液不多。炎症蔓延到支气管则鼻液较多,呈浆液性或粘液性。病情加重后,体温升至 40℃ 以上,多呈弛张热型,呼吸浅表频数,重者呼吸困难。脉搏常随体温升降而增减。肺部叩诊呈点状浊音,如多数病灶融合,可出现较大的浊音区。听诊肺泡音减弱,病初有微细的捻发音,后可听到湿罗音。病重者有时可听到支气管呼吸音。

【治　疗】　可选用下列各方:

方 1　青蛙 10～15 个捣碎,白矾 35 克研末,加 7 个鸡蛋

（用蛋清），250克白糖，用米泔水1升混合。大畜1次灌服。治劳热咳喘、痰涕带血或浮肿。

方2 石膏200克，竹叶50克，麻黄25克，甘草50克，水煎去渣候凉加芒硝120克溶化。大畜1次灌服。羊猪用此量的1/5。治咳喘发烧、便干。

方3 蒲公英100克（鲜的200克），石韦40克（鲜的80克），浮萍65克，水煎两次得混合汁1.5升，加白糖250克，候温。大畜1次灌服，羊猪用此量的1/5。治咳喘发烧。

方4 白茅根100克，鲜芦根250克，石膏150克，水煎两次得混合汁1.5升，加蜂蜜100克调匀，候温。大畜1次灌服。治发烧喘咳不安。

方5 桑根皮、枸杞根皮、瓜蒌根各100克，蒲公英200克，共研细末，开水2升冲调。大畜1次灌服。治咳喘发烧、胸胁胀痛。

方6 鲜三棵针皮150克，鲜龙葵茎叶或果100克，杏仁35克，瓜蒌120克，捣碎开水冲调，候温。大畜1次灌服。治喘咳发烧、胸疼。

方7 银柴胡45克，蒲公英100克，鲜杨树叶500克，共煎汁2升，候冷。大畜1次灌服。治咳喘发烧、身疼懒动。

方8 芹菜500克，鲜柳树叶200克，麻黄50克，共煎汁1.5升，加猪苦胆汁100毫升调匀，候温。大畜1次灌服。治喘咳发烧、恶寒体痛腰直。

方9 皂角刺45克，地丁50克（鲜的100克），大蒜100克，共捣碎烂，开水冲调，候温，加蜂蜜100克。大畜1次灌服。治咳嗽发烧、便干。

方10 鲜荷叶150克，鲜野菊花100克，蜂房30克焙干研末，共捣碎烂，开水冲调，候温。大畜1次灌服。治肺热喘咳、舌红口臭。

方11　鲜竹叶 50 克,鲜杨树叶 150 克,活蚯蚓 50 条,鲜车前草 200 克,共捣烂,开水冲调,候温。大畜 1 次灌服。治咳喘高烧。

方12　活蚯蚓 30 条,用白糖适量化开,加鲜猪苦胆汁 100 毫升,开水冲调,候温。大畜 1 次灌服。治肺炎发烧、抽风。

方13　鲜苦苦菜 300 克,白松塔 150 克,煎汁 1.5 升,加蜂蜜 100 毫升调匀,候温。大畜 1 次灌服。治发烧喘咳、便干、口舌肿疼。

方14　鲜侧柏叶 250 克(捣烂),枯矾 25 克,青萝卜(捣烂拧汁)500 毫升,鸭蛋 5～8 个,香油 500 毫升,调匀。大畜 1 次灌服。

方15　精制卤碱粉 25～40 克,水适量。大畜 1 次内服。

方16　冰片 6 克,硼砂 15 克,香油 250 克,鸡蛋 8 个(用蛋清),水适量。大畜 1 次灌服。

方17　硫黄末 0.5 克,甘草末 10 克,鱼肝油 2 毫升,加少量水,混合为舐剂。大畜每日 1 次,连用 10 日。猪羊用量酌减。

大叶性肺炎(纤维素性肺炎)

【症　状】　病初体温急剧增高到 40～41℃ 或以上,持续 7～8 日,呈典型的稽留热。心音亢进,每分钟达 60～100 次。病初呼吸次数并不增快,其速度与体温相反,在消散吸收期忽然加快(每分钟 70～80 次)。呼吸困难,呈腹式呼吸。精神沉郁,食欲大减或废绝,皮温不整。口色赤红而干,舌质硬,可视粘膜充血、黄染。咳嗽有时不明显,有时出现阵发性的湿性痛咳。病初很少有鼻液,发病 2～3 天后流出铁锈色或棕红色的鼻液。病初肺泡音粗厉,以后出现支气管呼吸音,如有好转则出现湿性罗音,后来逐渐听到肺泡呼吸音而转为正常呼吸。肺部叩诊,病初在肘后有半浊音区,继则出现典型的弧形浊音区,浊音区保持 3~5 天不变,以后如好转,则浊音区逐渐缩小,并转为鼓音或清音。

【治　疗】　必须中西医结合治疗。中草药可选用下列处方:

方 1　麻黄 30 克,生石膏 100 克,炒杏仁 35 克,黄芩 40 克,甘草 30 克,共为末,开水冲调,加蜂蜜 120 克,候温。大畜每日 1 剂灌服,连服数剂。治干痛、咳嗽发烧。

方 2　鲜三棵针皮 150 克,鲜蒲公英 200 克,紫皮蒜 100 克,共捣碎烂,加 10 个鸡蛋(用蛋清)、食醋 500 毫升,调匀。大畜 1 次灌服。治喘咳发烧、胸痛、苔厚色赤。

方 3　鲜芦根 200 克,冬瓜子 60 克捣碎,葶苈子 50 克,车前草 150 克,共煎汁 1.5 升,候冷。大畜 1 次灌服。喘咳、便干、尿赤涩时用。

方 4　大青叶 45 克,黄芩 40 克,蒲公英 80 克,大蓟 50 克,共煎汁 1 升,加食醋 500 毫升调匀,候温。大畜 1 次灌服。病初期用。

方 5　瓜蒌、鲜野菊花各 100 克,桑根皮 150 克,鱼腥草 80 克,加水煎汁 1.5 升。大畜 1 次灌服。病初、中期用。

方 6　鲜苦苦菜、鲜小蓟各 200 克,丝瓜 150 克,共煎汁 1.5 升,加食醋 500 毫升。大畜 1 次灌服。流铁锈色鼻液时用。

方 7　三棵针皮 100 克,麻黄 25 克,生姜 65 克,水煎两次得混合汁 1.5 升,去渣,加豆腐 1 千克。大畜每日 1 次灌服。羊猪用此量的 1/5。治咳喘有痰鸣,发烧多鼻涕,若痰涕如铁锈色时则去生姜加侧柏叶 100 克。

方 8　鲜槐花 150 克,鲜龙葵全草 200 克,共煎汁 1.5 升,马勃(焙干存性研末)60 克,露蜂房(焙存性研末)50 克,和前煎汁调匀。大畜 1 次灌服。治重症发烧,渗出及有铁锈色鼻液时用。

肺气肿(肺胀)

【症　状】　急性肺气肿多在使役中突然发病。结膜呈蓝紫色,呼吸促迫,腹扇鼻乍,胸外静脉怒张。有低弱短咳。肺部叩诊呈鼓音,叩诊界扩大。听诊病初肺泡音增强,以后减弱。慢性者体温正常或稍高。呼吸困难,次数显著增加,可多达每分钟 60 次以上。腹壁扇动,或连发低弱的咳嗽,呼吸长而用力,常呈二重呼气,沿肋弓下形成一条明显的纵沟(息劳沟)。肛门随呼吸动作内外移动。听诊肺泡音减弱。并发支气管炎时,有各种罗音,如飞箭音和啸音等。听诊呈鼓音,肺叩诊界扩大 2~3 指,第二心音高朗,结膜呈蓝紫色,有的病畜肩部皮下出现气肿,触之有捻发音。

【治　疗】　目前尚无很理想的治疗方法。主要是加强护理,充分休息,给予易消化的饲料。对症治疗可选用下列处方:

方 1　紫苏子 85 克,葶苈子 60 克,白芥子 50 克,生姜 40 克,共煎汁 1.5 升,候温。大畜 1 次灌服。治肺寒实喘。

方 2　白矾 40 克,萝卜子 160 克,葶苈子 60 克,共研细末,黄米汤冲调,候温。大畜 1 次灌服。治喘咳痰鸣。

方 3　紫花地丁(犁头草)100 克,蒲公英、冬瓜子(捣碎)各 150 克,共煎汁 150 毫升。大畜 1 次灌服。治发烧气喘。

方 4　金沸草(即夏季割取的旋覆花全草晒干。旋覆花茎、叶、花亦可)100 克(湿的 200 克),棉花根 150 克,侧柏叶 60 克,共煎汁 1.5 升,候温。大畜 1 次灌服。治虚喘。

方 5　活蚯蚓 50～100 条,加白糖适量溶化,再加猪胆汁 150 毫升,鸡血 200 毫升,加适量温水,调匀。大畜每日 1 次灌服。治发烧喘咳。

方 6　霜桑叶 150 克,生姜 50 克,杏仁 40 克,共煎汁 2 升,加黑芝麻(炒、捣碎)100 克,柿饼 10 个(捣烂),调匀。大畜 1 次灌服。治喘咳气短。

方 7　健畜胎衣胎盘(阴干研末)100 克,皂角 30 克(研末),猪苦胆汁 100 毫升,混合加开水适量冲调,候温。大畜 1 次灌服。

方 8　麻黄 15～45 克,桑根皮 100 克,冬瓜 500 克,洋金花 2 克,共煎汁 1.5 升。大畜每日 1 次灌服,7 日为一疗程,羊猪用此量的 1/5。治喘急气短,痛咳少痰涕。

方 9　艾蒿叶 65 克(鲜的加倍),皂角刺 40 克,共煎汁 1.5 升,白萝卜 1 千克,捣碎调入,候温。大畜 1 次灌服,羊猪用此量的 1/6。治喘多咳少发烧。

方 10　癞蛤蟆 3 只,每只经口塞入白胡椒 15 粒,黄泥封裹,火中煅存性,研末,另用甘草 200 克煎汁 1.5 升冲调,候温。大畜每日 1 次灌服,5 日为一疗程。

方 11　信石(又名砒石、砒霜,有剧毒,马牛用量 0.1 克) 1 份,白矾、淡豆豉各 10 份,共研细末。大畜每次用白米粉粥 3 碗调入药末 3 克,候温灌服,每日 1 次,连服 3 日;羊猪可试用此量的 1/5。如有呕吐腹泻、血尿、蛋白尿、眩晕跌扑、紫绀、惊厥、麻痹等中毒症状时,随时停药,并用二巯基丙醇解毒。

方 12　炒花椒皮、皂角各 10 克,葶苈子 30 克,干姜 5 克,桑根皮(焙干)15 克,共研细末,开水冲调,候温。大羊每日 1 剂灌服,牛用此量的 5 倍,驼用此量的 8～10 倍。治肺胀发喘,不能伏卧。

方 13　桃仁去皮(炒)15 克,杏仁去皮(炒)12 克,干姜 5克,共研细末,开水 250 毫升冲调,加蜂蜜 20 克,调匀。大羊每日 1 剂灌服,牛用此量的 6～8 倍。治喘急不安,舌底发青。

方 14　石膏(研末)15 克,麻黄 12 克,棉花根 25 克,加水煎汁 250 毫升,候温。大羊 1 次灌服,大畜用 5 倍量。治痰涕多,恶寒发热,痰鸣发喘。

方 15　枸杞根皮 45 克,桑根皮 50 克,紫苏茎叶 55 克,甘草 60 克,共研细末,开水调匀,候温。大畜 1 次灌服。治实热喘促,烦躁鼻干。

方 16　罂粟壳 30 克,棉花根 100 克,橘子皮 40 克,甘草35 克,煎汁 2 升。大畜 1 次灌服。治慢性喘咳不止。

方 17　杏仁 40 克,葶苈子 50 克,皂角 35 克,共研细末,开水冲调,加蜂蜜 100 毫升。大畜 1 次灌服。治喘咳流臭脓涕痰,发烧不食。

方 18　棉花根(晒干)65 克,干姜 30 克,胡桃仁 200 克,共研末,另用大枣 50 个煎汤 2 升调药。大畜 1 次灌服,羊猪用此量的 1/5。治肺虚久喘,遇寒则发。

方 19　橘子皮 50 克,薄荷 45 克,苏子 40 克,共研末,干柿饼 200 克捣碎,开水共调成稀粥状。大畜 1 次灌服,每日1～2 剂,羊猪用此量的 1/5。治喘逆,流鼻液。

方 20　猪胰脏 250 克,羊肺脏 500 克,桃仁 40 克,杏仁35 克,共同煮熟,连汤渣一起捣碎调匀。大畜 1 次灌服。治肺虚久喘,有痰鸣。

方 21　轻粉 0.5 克,10 个鸡蛋(用蛋清),调匀蒸熟,甘草140 克煎汁 1.5 升调入前药,候温。大畜 1 次灌服。治发喘吐沫。

方 22　生姜 50 克,大蒜 80 克,共捣如泥,开水 1.5 升冲调,加酥油150克,候温。大畜1日1次灌服,羊用此量的1/5。治肺寒久喘、大便不利。

方23　雄黄1克,巴豆霜(巴豆末纸包去油)0.3克,白萝卜(切碎)100克,加水煎汁250毫升,候温。大羊1次连渣灌服。治喘逆眩悸不安。

方24　花生衣30克研末,黍米150克,加水煮成稀粥,候温。大羊1次灌服。治燥咳久喘。

方25　羊肺1千克,红花40克,水煮熟烂,加猪胆汁100毫升。连汤给大畜1次灌服。治肺虚久咳,痰热烦喘。

方26　何首乌150克,红花35克,全瓜蒌100克,共捣碎烂,开水冲调。大畜1次灌服。治痰喘日久,心肺亏虚。

方27　石韦80克,苦参40克,桑根皮85克,麻黄25克,共煎汁1.5升。大畜1次内服,羊猪用此量的1/5。治劳伤久喘。

方28　盘龙草120克(研成细末),鲜芦根60克,杏仁30克,萝卜1千克,大米250克。加水煎汁,加入酥油120毫升,冰糖90克,混合。大畜1次灌服。

方29　鲜蚯蚓300克洗净内脏捣碎,白果仁300粒,石膏300克,均研末,三者混合,加入蜂蜜、麻油各300克,开水冲调,候温加入8个鸡蛋(用蛋清)。大畜1次灌服。

方30　黄酒250克,蜂蜜、香油各200克,温水冲调。成牛1次灌服。治牛干活出汗,喝冷水以后发喘。

方31　青蛙5～7个或活蝌蚪100克捣碎,加猪胆2个,凉开水冲调。成牛1次投服。治热伤发喘。

方32　血余炭、黄柏面、黄芩面各120克,枯矾、白矾各60克。共为细末,开水冲调后,加蜂蜜200克,鸡蛋6个(用蛋清)。大畜1次灌服。

方 33 核桃 5 个,石莲子 80 克,均连皮烤熟去壳研细,另加冰糖 100 克,开水冲调。大畜 1 次灌服。

兔肺炎

【症　状】　精神不振,打喷嚏,流鼻涕,咳嗽,呼吸困难。食欲减退或废绝。体温升高。

【治　疗】　可选用下列处方:

方 1　生地 3 克,柳树皮 30 克,熬水,自饮或灌服,连服 3～5 日。

方 2　苍耳子 2 克,桑皮 6 克,茄子把 12 克,煎汁晾冷。让兔自饮或灌服。

方 3　桑叶或嫩桑枝 15 克,加水煎服。

方 4　苦参、杷叶、葶苈子各 1.5 克,加水煎后,倒入饲料中分 2 次喂服。

方 5　威灵仙根 10 克,鱼腥草 15 克,加水煎服。

第三章　心脏疾病土偏方

心力衰竭(心脏衰弱)

【症　状】　急性心力衰竭轻症者,初期心音高朗,心搏动增强,以后心音低沉无力,脉搏增数,易疲劳出汗。严重者心音增强,心跳加快,每分钟达 100 次以上,甚至只能听到一个心音,脉搏细弱无力,粘膜呈蓝紫色。静脉怒张,全身大汗。呼吸高度困难,最后心脏麻痹致死。慢性心力衰竭者还多见胸腹和四肢下部水肿。

【治　疗】　安静休息。高度呼吸困难、静脉怒张时,可静脉放血1 000～1 500毫升。严重时要中西医结合治疗。可选用下列处方:

方1　鲜万年青根30克,大枣10个,共煎汁250毫升。大羊1次灌服。治心力衰竭悸喘。

方2　生地50克,熟附子35克,甘草45克,共煎汁1.5升,候温。大畜每日1次灌服,10日为一疗程,羊猪用此量的1/5。治慢性心力衰弱。

方3　核桃肉20克,黑芝麻15克,桑叶20克,龙眼肉25克,共同捣碎,开水冲调,候温。大羊1次灌服。治心悸气短。

方4　合欢皮15克,何首乌藤20克,加水煎汁250毫升,候温。大羊1次灌服,大畜用此量的5～7倍。治心悸不安。

方5　葶苈子45克,玉竹(铃铛菜、山姜、黄蔓菁)65克,山楂100克,共煎汁1升。大畜1次灌服。治悸喘。

方6　红花夹竹桃叶(晒干研末)0.25克,开水适量调药,候温。大畜灌服,1日2次,连服3日。治心跳快弱。

方7　铃兰草(铃铛花、君影草)35克,淫羊藿85克,柏子仁50克,白茅根150克,共煎汁1.5升。大畜1次灌服,羊用此量的1/5。治心悸浮肿发喘。

方8　党参100克,五味子55克,麦冬120克,共煎汁2升,候温。大畜1次灌服。治心悸乏困,烦躁不安。

方9　玉竹20克,车前草35克,共煎汁200毫升。大羊1次灌服,1日1～2剂,大畜用5倍量。治心悸浮肿。

方10　老茶树根70克,煎汁200毫升,加糯酒半碗。大羊1次灌服,大畜用4～5倍量,7日为一疗程。治心悸浮肿。

方11　通天草(荸荠苗)、鲜芦根各35克,煎汁适量。大羊1次灌服,大畜用5倍量。治心悸浮肿,水泛全身。

方 12　金针菜(黄花菜)鲜叶 35 克,煎汁适量,加黄酒 50 毫升。大羊 1 次灌服。治心悸全身浮肿。

方 13　砂仁 5 克,蝼蛄 5 克,焙干研末,加白酒 50 毫升,用温水 200 毫升调匀。大羊 1 次灌服。治心悸肿胀。

方 14　茵陈 100 克,茶叶 35 克,胡萝卜 250 克,橘子皮 50 克,共捣碎烂,开水冲调,候温。大畜 1 次灌服。羊猪用此量的 1/5。治心跳慢而弱、心律不齐、浮肿。

方 15　干癞蛤蟆皮 1 个,川芎 35 克,共研细末,用甘草 150 克煎汁 1.5 升调入药末,候温。大畜 1 次灌服。治心脏衰弱。

方 16　茵陈、葫芦壳各 150 克,冬瓜皮、西瓜皮各 100 克,共煎汁 1.5 升,候温。大畜 1 次灌服。治心悸浮肿发热。

方 17　樟脑粉 10 克,白酒 125 毫升,开水冲调,候温。大牛 1 次灌服。治心悸乏力。

方 18　熟附子、干姜、甘草各 13 克,共研细末,开水冲调,候温。大羊 1 次灌服,大畜用此量的 3～4 倍。治心悸乏困无神,脉微肢冷,呕吐流涎。

心内膜炎

【症　状】　病畜通常表现不适,食欲减退,精神沉郁,体温升高,脉搏增数,粘膜发绀,心悸亢进,节律不齐,呼吸困难,病的后期,胸腹下或四肢浮肿。听诊心音初增强,心跳加快,以后快而弱,第二心音不易听见。心内杂音时隐时现、时强时弱,为最特异的症状。

【治　疗】　严重时应中西医结合治疗。可选用下列处方:

方 1　参考试用心力衰竭第 16 方。

方 2　玉竹 85 克,三颗针黄皮(焙干)100 克,蒲公英 120

克,南瓜蒂(焙干)150克,共研细末,开水冲调。大畜1次灌服,羊用此量的1/5。治心悸发烧浮肿。

方3 桃仁45克,生龙骨100克,生蒲黄85克,共研细末,茄子500克,捣烂,并加开水1.5升冲调,候温。大畜1次灌服,羊用此的1/5。治心悸痛浮肿。

方4 鲜南瓜藤200克,鲜龙葵80克,鲜三棵针皮60克,共煎汁1.5升。大畜1次灌服,羊猪用此量的1/5。治心悸发烧浮肿。

心 肌 炎

【症 状】 急性心肌炎很少单独发生,因其症状不易被发现,常被传染病和中毒的症候所掩蔽。其主要表现为体温升高,心搏动因原发病而发生变化,如稍加运动,呼吸及心跳显著加快,在停止运动后不易复原。病畜在几天后表现精神沉郁,虚弱气喘。心律不齐,第一心音减弱或混浊不清,常有分裂、重复或有期外收缩。脉象细弱不整。病至后期,行走摇摆,粘膜发绀,静脉充血,四肢厥冷,四肢及胸腹下水肿。心音重复明显,心叩诊区扩大,往往能听到缩期杂音。脉搏细弱无力,往往少于心跳数或不整,体表静脉搏动明显。

【治 疗】 可选用下列处方:

方1 元胡15克,山楂20克,丹参25克,共研细末,加黄酒50毫升,开水冲调。大羊1次灌服,大畜可用此量的3~4倍。治悸喘胸疼。

方2 毛冬青根40~50克,水煎汁两次混合共300~800毫升。大羊1日分为2次,草后灌服。治心肌炎轻症初期。

方3 五灵脂、蒲黄各15克,蒲公英80克,共捣碎,加黄酒30毫升,开水冲调。大羊1次灌服。治心悸胸疼烦热。

方 4　元胡 20 克,川楝子 18 克,共研细末,开水冲调。大羊 1 次灌服,1 日 1～2 次,大畜用此量的 4 倍。治㾕喘胸疼。

方 5　瓜蒌 45 克,薤白 15 克,半夏 10 克,共煎汁 200 毫升。大羊 1 次灌服,大畜用此量的 5 倍。治㾕喘吐沫。

方 6　郁金 15 克,香附 12 克,甘草 10 克,共研细末,开水调匀。大羊 1 次灌服,治心㾕胸疼不安。

方 7　红高粱根 60 克,萹蓄草 35 克,苦参(野槐)12 克,共研细末,开水冲调。大羊 1 次灌服。治心㾕气喘浮肿。

方 8　赤小豆 80 克,冬瓜 400 克,甘草 60 克,共煎汁 250 毫升。大羊 1 次灌服,大畜用此量的 5 倍。治心㾕浮肿。

方 9　鲜茵陈蒿 100 克,鲜野槐根 50 克,绿豆 200 克,豆腐 250 克,共捣烂碎,开水冲调。大畜 1 次灌服,1 日 1～2 剂,羊用此量的 1/5。治心㾕发喘浮肿烦热。

方 10　玉竹 20 克,鲜车前草 40 克,鲜苦豆子根 5 克,共捣碎烂,开水适量冲调。大羊 1 次灌服。治心㾕浮肿烦热。

方 11　防己 15 克,花椒 8 克,葶苈子 18 克,大黄 10 克共研末,开水冲调。大羊 1 次灌服。治心㾕胸疼浮肿跌扑。

方 12　红茶末 70 克,车前子(捣碎)35 克,生芪 120 克。煎汁。大畜 1 次灌服。治急慢性心肌炎。

第四章　泌尿系统疾病土偏方

血　尿

尿中混有血液并非独立的疾病。常由于肾炎、肾盂肾炎、膀胱炎、尿道炎、结石、肿瘤以及血液疾病(如白血病、贫血、血斑病)和一些急性传染病损伤泌尿器官引起。

【症状】　大凡排尿之初无血,以后有血,血尿相混,呈酱色,多是膀胱出血;开始排尿即有血,多是尿道出血;自始至终血尿相混,色如酱油,多是肾脏出血;如尿血并发热,腰部有触疼,精神痛苦沉郁者病重;反之病轻。

【治疗】　尿血轻者可着重治原发病,尿血严重的可选用下列处方对症治疗。

方1　鲜车前草适量,捣碎拧汁50～60毫升,大羊猪1次灌服,大畜用此量的5～6倍。治尿血涩痛。

方2　生蒲黄35克,黑蒲黄30克,石韦50克,共研细末,开水1.5升冲调,候温。大畜1次灌服,羊猪用此量的1/5。治尿血作痛。

方3　淡豆豉45克,生芦根150克,共煎汁200毫升,加冰糖20克,溶化候温。羊猪1次灌服,大畜用此量的3～5倍,驼用7～8倍。治尿血涩疼,口鼻干燥气热。

方4　鲜红浮萍100克,地骨皮35克,共煎汁250毫升,加黄酒30毫升,候温。大羊猪1次灌服,大畜用此量的3～4倍。治尿血涩疼,轻度发烧。

方5　马蔺子(马莲子)10克,白茅根30克,共研末,开水冲调。大羊1次灌服,大畜用5倍量。治尿血涩疼淋漓。

方6　白马蔺花15克,侧柏叶50克,共煎汁100毫升。大羊猪1次灌服,大畜用5倍量。治尿血、排尿疼痛不畅或带喘咳。

方7　藕节100克,白鸡冠花炭30克,共捣碎烂,热白米汤调匀,候温。大羊猪1次灌服,大畜用此量的4～5倍,驼用此量的8～10倍。治尿血肚疼发热。

方8　鸡冠花15克,干柿饼(煅存性)100克,共捣碎烂,白米汤调匀,候温。大羊猪1次灌服,大畜用此量的5倍,驼用7~8倍。治尿血涩疼喘咳。

方9　鲜小茴香根70克,葡萄根60克,共煎汁200毫升,加白糖50克,调溶。大猪羊1次灌服。治血尿肚疼发热,排尿不畅。

方10　旱莲草叶50克,车前草叶80克,共捣碎烂,加白糖50克,开水冲调。大羊猪1次灌服。治尿血涩痛,烦躁不安。

方11　槐枝100克,沙蒿80克,煎汁适量,候温。大羊猪1次灌服。治尿涩痛带血。

方12　白菊花40克,莲房(煅存性,研末)30克,共捣烂,开水适量冲调。大羊猪1次灌服,大畜用5倍量。治尿血,目赤头垂。

方13　鲜椿树根100克,鲜柳树根150克,共煎汁250毫升。大羊猪1次灌服,大畜用此量的5倍。

方14　牛角鳃(黄牛角中的骨质角髓)20克,甘草25克,共煎汁250毫升。大羊1次灌服,大畜用此量的5~6倍。治尿血疼痛或拉痢。

方15　萹蓄130克,茅草根(白茅根)70克,共煎汁250毫升。大羊猪1次灌服,大畜用此量的5倍。治尿血浮肿。

方16　茅草穗(炒炭存性,研末)20克,鲜萹蓄拧汁半碗调药。大羊猪1次灌服,大畜用4~5倍量。治尿血腹疼。

方17　小蓟45克或大小蓟各22克,煎汁250毫升。大羊猪1次灌服,大畜用此量的3~5倍。也可用鲜大小蓟根拧汁半碗灌服,效果更好。治各种尿血。

方18　青蒿50~100克,捣烂,白米汤调。羊猪1次灌服。治尿血,发烧口干。

方19　鲜瓦松150克(干的70克)捣碎,加高粱面150

克,开水适量冲调。大羊猪 1 次灌服,大畜服此量的 3～5 倍。或瓦松煎汁服亦可。治尿血腰疼。

方 20　鲜芹菜 500 克,切碎捣烂,开水冲调。大羊猪 1 次灌服,大畜用 3～4 倍量,驼用 5～6 倍量。治尿血粪干。

方 21　螳螂(去翅足焙黄研末)10 克,开水冲调。大羊猪 1 次灌服。治尿血腹疼。

方 22　荷叶蒂或干荷叶 30 克,百草霜 15 克,共研细末,热米汤冲调,候温。大羊猪 1 次灌服,大畜用 4～5 倍量。

方 23　鲜马齿苋 400 克,车前草 250 克,煎汁适量。马牛 1 次灌服,小畜酌减,驼加倍。治尿血便血和鼻出血。

方 24　韭菜子 50 克,地肤子 100 克,共研细末,开水适量冲调,候温。大牛 1 次灌服,小畜酌减。治尿血腰疼。

方 25　猪胆汁 25 毫升,竹叶 15 克,灯芯 5 克,共煎汁适量。大羊猪 1 次灌服,大畜用 5 倍量。治血尿涩疼发热。

方 26　鸡蛋壳(焙干存性)15 克,瞿麦(石竹子花)25 克,共研细末,米汤调药,候温。大羊猪 1 次灌服,大畜用此量的 5 倍。治尿血腹疼腿软。

方 27　金樱子(刺梨子,糖罐子)15～20 克,莲子肉 35 克,共研细末,开水适量冲调。大羊猪 1 次灌服,马牛用此量的 5～6 倍。治尿血腰疼腿软。

方 28　垂柳花(柳葚)20 克(干的 30～40 克)研末,开水适量冲调。大羊 1 次灌服。治血尿疼痛。

方 29　垂柳根(红龙须)40 克,发炭 10 克,共煎汁 300 毫升,候温。大羊猪 1 次灌服。治尿血痛涩。

方 30　鲜槐叶 500 克捣烂,加食醋 500 毫升,鸡蛋 5 个(用蛋清),调匀。大畜 1 次灌服。治尿血便血,烦热目昏。

方 31　河芹菜 250 克,车前子草和小蓟各 10 多棵,加水煮熬后,饮病畜,每日数次。

　　方32　刘寄奴 100～200 克,加水煮熬后,饮病畜,每日数次。

　　方33　当归 180 克,红花 120 克,研末,开水冲调。成牛 1 次灌服。

　　方34　麦角 20～30 克,阿片末 8～15 克,混水。大畜 1 次灌服。治子宫出血。

　　方35　白茅根 120～150 克,焦栀子 80 克,煎汁。大畜 1 次内服。

　　方36　玉米须 50 克,加水煎 20 分钟,取出药液,加入红糖 200 克,候温。大畜 1 次灌服。

　　方37　竹叶 93 克,绿豆 125 克,煎汤,去渣,候温,加入白糖 360 克。大畜 1 次灌服。

　　方38　红花 120～180 克,用酒精烧成炭,天冬 60 克煎汤,二药混合,加入黄酒 250 毫升,1 日分 2 次灌服,连服 3 日。治大畜血尿。

　　方39　玉米蕊外层毛片或扬玉米粒时飞出的毛片 30 克。炒黄研末,大畜开水调服。1 日 2 剂,小畜每剂 10 克。

　　方40　鲜马鞭草 1 千克,加水 6 升,煎缩成 3 升,冲白糖 100 克。成牛每日 1 次灌服,连服至愈。

　　方41　牛膝 120 克,甘草 30 克,水煎汁。成牛 1 次灌服。

　　方42　鲜旱莲草 0.5～1.0 千克(干品 200～300 克)煎汁去渣。成牛 1 次灌服。

　　方43　生栀子 250 克,生车前草 1 千克。洗净泥沙杂质,切碎加水共煎服。治牛尿血。

　　方44　蚯蚓 150 条,用清水漂洗几次后,放入白糖 100 克中使其溶化,鲜小蓟或大蓟 150 克,捣烂,布包挤汁,二液混合内服。治牛尿血。

　　方 45　生地黄 30～50 克,木通 20～40 克,淡竹叶 50～100 克,甘草 5～10 克,水煎汁候温,1 次灌服。治牛猪血尿。

　　方 46　猫胎盘 1 个,研末灌服,每日 1 个,连服 3 个。治种畜肾亏尿血。

　　方 47　侧柏叶(微炒)、车前子各 31 克,血余炭 6 克,白茅根 9 克。上药混合,加水适量,煎汤去渣,候温加米醋 100 毫升。大畜 1 次灌服。

膀 胱 炎

　　【症　状】　病畜排尿时疼痛不安,排尿频数,每次尿量不多,往往呈点滴状。公畜阴茎常勃起,母畜阴门频频开张。直肠检查触压膀胱,病畜表现疼痛,膀胱空虚。尿液混浊,有粘液、血凝块或坏死组织碎片,且有氨臭味。病情严重者精神沉郁,食欲减退或废绝,体温升高等。急性者病状重,血尿常明显,慢性者病状轻,一般无血尿。

　　【治　疗】　可选用下列处方:

　　方 1　知母、黄柏、栀子各 35 克,滑石 55 克,泽泻、茯苓各 25 克,共研末,开水冲调,候温。大畜 1 次灌服。治尿淋漓,疼痛发烧。

　　方 2　醋炒柴胡、车前草、五味子各 30 克,黄芩 20 克,共研细末。1 日分早晚 2 次,开水调药,给大羊猪灌服,大畜用 3～4 倍量。治尿频而疼,量少滴沥。

　　方 3　生黄芪、白茅根各 30 克,西瓜皮 70 克,肉苁蓉 15 克,共煎汁 250 毫升。大羊 1 次灌服。大畜用此量的 3～5 倍。治频尿而疼痛、尿量少。

　　方 4　生地 70 克,黄柏、知母各 45 克,旱莲草 60 克,蒲公英 100 克,共煎汁 1 升,候温。大畜 1 次灌服,羊猪用此量的 1/5。治尿频而疼,发烧滴沥。

方 5　金钱草 35 克,车前子 40 克,垂柳树根 80 克,共煎汁 450 毫升,大羊 1 日 2 次灌服。治膀胱炎发热尿少而频。

方 6　鸭跖草(兰花草、竹叶草、竹节菜)60 克,萹蓄(萹竹芽、竹节草)20 克,煎汁 250 毫升。大羊猪 1 次灌服。大畜用此量的 3～5 倍。治尿涩痛滴沥。

方 7　鲜萹蓄 150 克,煎汁 1 升,候温。大畜 1 次灌服,每日 1～2 次。治热淋涩痛。

方 8　桃仁 20 克,滑石 25 克,共研细末,适量开水冲调。大羊 1 次灌服。治尿涩。

方 9　茵陈 35 克,蒲公英 50 克,共捣碎烂,开水适量冲调。大羊 1 次灌服。治尿涩而疼,发热肚胀。

方 10　金银花 45 克,丝瓜络 170 克,共研细末,开水冲调,加蜂蜜 50 克。大畜 1 次灌服。治尿频而少,发热肚疼不安。

方 11　蝼蛄 5 个,鲜荷叶 100 克,共捣碎烂,开水冲调。大羊 1 次灌服。治尿频量少,眼口浮肿。

方 12　木贼草 35 克,大黄末 5 克,共煎汁 200 毫升,候温,加 2 个鸡蛋(用蛋清)。大羊 1 次灌服。治尿滴沥难排,浮肿。

方 13　鲜荷叶 80 克,鲜侧柏叶 50 克,鲜柳叶 90 克,共煎汁 250 毫升,候温。大羊猪 1 次灌服,大畜用此量的 4～5 倍。治尿涩胀疼发烧。

方 14　鲜马齿苋、豆腐各 500 克,共捣碎烂,淘米泔水 1 升,调匀。大畜 1 次灌服。治尿涩痛发烧,尿液混浊,或带脓血。

方 15　荠菜(地米菜、护生菜)50 克,柳叶 40 克,车前草 60 克,共捣碎烂,米汤适量调匀。大羊 1 次灌服。治尿涩疼难排,目昏肿。

方 16　椿荚(又名臭椿树子、凤眼草)10克,焙干研末,用糯稻根 100 克煎汁适量,冲调,候温。大羊猪 1 次灌服。治尿涩痛带血。

方 17　益母草 35 克,牵牛子 15 克,共研细末,开水冲调,候温。大羊猪 1 次灌服,大畜用 3 倍量。治慢性膀胱炎尿涩难下,浮肿腹疼。

方 18　向日葵秆芯 20 克,垂柳叶或嫩枝条 65 克,车前草、萹蓄各 60 克,共煎汁 250 毫升。大羊猪 1 次灌服,大畜用 3～4 倍量。治尿涩浊、滴沥不畅。

方 19　大麻仁 500 克,绿豆 250 克,水煎两次,得混合汁 1.5 升。马牛 1 次灌服,羊猪用此量的 1/8～1/5。治尿涩疼,水肿。

方 20　水芹(野芹菜)20 克,梓实(臭梧桐果实)20 克,车前子 30 克,共研细末,开水适量冲调。大羊 1 次灌服,大畜用 3～4 倍量。治尿路感染。尿涩疼浮肿。

方 21　黄连 3 克研末,纳入破孔倒出蛋清的鸡蛋,封壳后蒸熟。小猪 1 次服完,大猪服 2～3 倍量。治尿频量少不畅。

方 22　旧草帽(盘龙草)1 顶,约 150～200 克,车前草 120 克,芨芨草 30 克,沙柳根 30 克,大米 250 克。上药加水煎汁,去渣内服。治牛马尿淋。

方 23　鲜金钱草 250 克,煎汤去渣,成牛 1 次灌服。治牛尿淋。

肾　炎

【症　状】　病畜精神沉郁,食欲减退,体温升高,结膜苍白,第二心音增强,脉硬而疾速。站立时拱背,后肢开张或伸于腹下,不愿运步或后肢拖曳。尿量减少或无尿。从体壁或通过直肠检查触诊肾脏时,病畜疼痛不安。尿液呈黄红色或红色(血尿),混浊,有粘液及沉渣。

【治　疗】　消除炎症,强心利尿为主要原则。可酌情选用下列处方:

方1　梓实20～25克(鲜的30～40克),煎汁。大羊1次灌服,大畜用此量的4～5倍。治慢性肾炎浮肿。

方2　梓实16克,垂柳叶20克,木通10克,黄芪15克,共煎汁适量。大羊猪1次灌服,大畜用此量的3～5倍。治肾炎发烧,尿涩浮肿。

方3　干玉米须40～65克,煎汁两次得混合汁500毫升。大羊猪每日1剂,2次分服,大畜用此量的3～5倍。治慢性肾炎尿涩浮肿。

方4　土大黄(驴耳朵、牛舌头、羊蹄)15～20克(鲜的30～35克),车前草30克(鲜的60克),蒲公英15～20克(鲜的40克),臭椿树子40克,共煎汁适量。大羊1次灌服,大畜用5倍量。治急慢性肾炎浮肿腰疼,尿涩带血或粪中带血。

方5　麻黄6克,杏仁15克,紫背浮萍8克,研末,开水适量冲调。大羊1次灌服,大畜用此量的3～4倍。治肾炎发热尿血。

方6　紫苏10克,冬瓜皮100克,煎汁适量。大羊1次灌服,大畜用此量的5倍。治急性肾炎初期尿涩浮肿。

方7　桑叶、杏仁各15克,菊花20克,板蓝根35克,共研细末,开水适量冲调。大羊猪1次灌服。治急性肾炎初期尿涩轻度浮肿,喘咳发烧。

方8　棉花根60克,仙鹤草(龙芽草)20克,玉米须80克,加水煎汁。大羊1次灌服。治慢性肾炎尿涩带血,浮肿发喘。

方9　牵牛子15克,带籽干葫芦(烧存性)150克,共研末,开水适量冲调。大羊猪1次灌服。治尿涩浮肿,大便不畅。

方10　青蛙2个,黑豆(乌豆)50克,同捣碎烂煮熟。大羊每日1次,连汤灌服。治慢性肾炎尿蛋白严重。

方11　石韦20克,薏米仁5克,共研细末,开水适量冲调。大羊猪每日1次灌服,大畜用此量的3~5倍。治慢性肾炎尿蛋白多,浮肿。

方12　蝼蛄3~4个(焙干研粉),玉米须40克,白茅根35克,煎汁冲调。大羊1次灌服,1日1~2次,大畜用3倍量。治肾炎水肿严重,呆立懒动,行步不稳。

方13　芋头(切片煅存性,研末)35克,红糖30克,用干葫芦150克煎汁适量冲调。大羊猪1次灌服,每日1~2次,大畜用此量的3~5倍。治肾炎水肿发喘,尿涩带血。

方14　益母草25克,白茅根35克,夏枯草15克,共煎汁适量。大羊猪1次灌服,大畜用此量的3~4倍。治急性肾炎浮肿、尿涩带血。

方15　金钱草30克,车前草35克,石韦20克,共煎汁适量。大羊猪1次灌服。治急性肾炎水肿尿涩,发喘肚疼。

方16　铁苋菜90克,金银花、竹叶各20克,共煎汁适量。大羊猪1次灌服,大畜用此量的3~4倍。治急性肾炎水肿,尿涩带血发烧。

方17　冬瓜皮、车前草各50克,小蓟20克,共煎汁适量。大羊猪1次灌服,大畜用此量的3~4倍。治急性肾炎浮肿、尿涩带血。

方18　蚕豆花25克,葫芦壳100克,葵花梗芯(焙干)20克,共研末,开水适量冲调。大羊猪1次灌服。治急性肾炎浮肿。

方19 西瓜皮50克,荠菜20克,研末,开水适量冲调。大羊1次灌服,大畜用5倍量。治慢性肾炎浮肿。

方20 洋姜(菊芋)、芹菜各100克,葱20克,共捣碎烂,开水冲调。大羊猪1次灌服,大畜用5倍量。治肾炎浮肿尿涩。

方21 茶叶10克,黄花菜30克,豆腐100克,共煮烂熟。大羊猪连汤1次灌服,大畜用4倍量,驼用8倍量。治肾炎尿涩水肿。

方22 赤小豆30克,茄子150克,花椒5克,共捣碎烂,开水适量冲调。大羊猪1次灌服,大畜用此量的4~5倍。治肾炎浮肿尿涩。

方23 大麦秸200克,加水煎浓汁250毫升,调入大蒜泥10克,侧柏叶末30克。大羊猪1次灌服,大畜用此量的3~5倍。治慢性肾炎浮肿尿涩带血。

方24 海带(研末)20克,梓根白皮或梓实10克,玉米须20克,煎汁适量冲调。大羊猪1次灌服,大畜用此量的5倍。治肾炎水肿,尿有蛋白。

方25 蒲公英65克,忍冬藤60克,车前草70克,煎汤适量。大猪1次灌服,连服10~15日。治尿涩量少,混浊带血,发烧腰痛,浮肿。

方26 枸杞子250克,小米500克,煮熟。大畜1次连汤渣灌服。治慢性肾炎尿淋沥、后肢浮肿。

方27 玉米须、冬瓜皮各120克,车前子60克,泽泻30克,加水煎汁。大畜1次灌服。

方28 鲜车前草、鲜白茅根各250克,鲜海金沙120克,加水煎汁。大畜1次灌服。无鲜货时,可用干货代替。

方29 白茅根500克,玉米须、向日葵梗芯各150克,大畜煎汁饮用。每日数次。

方30　地骨皮200克,车前子、竹叶各150克,水2.5升。用文火煎至1/3时,去渣,大畜1次灌服。

方31　白茅根、鱼腥草各350克,防己100克。加水煎汁去渣。成牛1次灌服。治慢性肾炎。

尿闭(转胞、尿结)

【症　状】　病畜不见排尿或排尿呈点状、线状外溢。有的患畜不断作排尿姿势,但不见尿液排出。膀胱结石较大时可引起排尿障碍。常见后肢踢腹,呈现疝痛症状。

【治　疗】　对膀胱麻痹,一般轻症,可施行插管导尿或膀胱按摩,1日1～3次,2～3日可自愈。排除病因要用中西医药和手术结合治疗。中草药治疗可酌情选用下列处方:

方1　地肤子250克,萹蓄150克,煎汁适量。给牛1日服完。治膀胱痉挛或麻痹尿闭,或尿道炎症尿闭。

方2　荠菜100克,金钱草35克,鸡内金或鸭内金20克,共煎汁适量。大羊猪每日1次灌服,大畜用此量的4～5倍。治结石性尿闭。

方3　花椒(椒目)15克,赤小豆100克,绿豆150克,共煎汁适量。大羊猪1次灌服,大畜用此量的4～5倍。治膀胱痉挛尿闭。

方4　芒硝25克,鸡内金20克,萝卜150克,共煎汁适量。大猪羊1次灌服,大畜用此量的4～5倍。治尿路结石或炎症所致排尿不畅或不通。

方5　地肤苗120克,白菊花根65克,煎汁适量。大羊猪1次灌服,大畜用此量的3～5倍。治尿路肿胀尿闭。

方6　铁线草(透骨草、瘤果地构菜)35克,蒲公英70克,鲜益母草 40 克,煎汁适量。大羊猪 1 次灌服。治尿路炎肿尿闭和膀胱麻痹尿闭。

方 7　柳树叶 40 克,马齿苋 70 克,丝瓜络 75 克,共煎汁适量。大羊猪 1 次灌服,大畜用此量的 3～5 倍。治尿路炎症及膀胱痉挛尿闭。

方 8　水蛭(蚂蟥、黄蜞)10 个,焙干研末,用甘草 30 克煎汁。大羊猪 1 次灌服。治尿路瘀血肿胀尿闭。

方 9　炒萝卜子 70 克,车前子 80 克,葱 120 克,炒盐 30 克,共研末,开水适量冲调。大畜 1 次灌服。治膀胱气闭尿结。

方 10　牛角尖(烧存性研末)10 克,糠谷老 20 克,煎汁适量。大羊猪 1 次灌服,大畜用 5～6 倍量。治尿路炎肿瘀血尿结。

方 11　高粱叶鞘 25 克,菠菜子 40 克,共煎汁适量。大羊猪 1 次灌服。治膀胱湿热尿结、膀胱痉挛尿结。

方 12　芥菜子 15 克,冬葵子 120 克,共煎汁适量。大羊猪 1 次灌服,小羊猪减半。治膀胱麻痹或尿路肿胀尿结。

方 13　红薯秧 50 克,高粱根 60 克,煎汁适量。大猪 1 次灌服,小猪酌减。治尿结浮肿。

方 14　紫苏子 65 克,花椒 20 克,茅根 40 克,煎汁适量。大羊猪 1 次灌服,大畜用 5 倍量。治膀胱气闭尿结发喘。

方 15　大麦秸 250 克,青葱 50 克,煎汁适量。大畜 1 次灌服,每日 1～2 剂。治下焦湿热尿闭。

方 16　蝼蛄(焙干研末)15 克,蟋蟀(焙干研末)12 克,甘草梢 150 克,煎汁。大马 1 日分 2 次灌服。治膀胱痉挛尿闭。

方 17　臭椿树子 150 克,石韦 45 克,鸡内金 50 克,共煎汁。大畜 1 次灌服,1 日 1～2 剂。治膀胱痉挛及炎肿尿闭。

方 18　大麦秸 250 克,通草 30 克,海金砂 35 克,鸡内金

35克,煎汁。大畜1次灌服,每日1～2剂。治砂石淋。

方19　向日葵根120克,甘草梢50克,食盐20克,煎汁。大牛1次灌服,1日1～2剂。治膀胱痉挛及炎肿尿闭。

方20　蜂房(焙干存性,研末)50克,蚯蚓(干品,研末)45克,灯芯(焙存性,研末)4克,开水冲调,候温。大牛1次灌服,1日1～2剂,小畜酌减。治炎肿阻碍尿路、膀胱痉挛。

方21　生黄芪150克,鲤鱼500克,赤小豆250克,共煎汤两次混合约3升。大畜1日分2次灌服。治膀胱肌麻痹尿闭。

方22　杨树根须200克,茶叶50克,石韦60克,煎汁适量。大畜1次灌服。治膀胱肌麻痹尿闭。

方23　陈棉籽(姜汁炒)、茵陈各150克,甘草200克,煎两次得混合汁约2升。大畜1日分2次灌服。治膀胱虚寒排尿困难。

方24　猪膀胱1个,装入黑豆200克、车前子100克、灯芯5克、西瓜汁300毫升,扎口放大沙锅中,加水2升,鲜粽子叶100克,将膀胱内的豆子煮烂熟,取猪膀胱和黑豆捣烂。大畜分2日服完。治虚寒及瘀血阻碍排尿。

方25　地肤草1千克,煎浓汁适量。大畜每日1～2次服完,小畜酌减。治炎肿阻碍排尿。

方26　大麻仁60克,瓜蒌根20克,煎汁适量。羊1次灌服。治虚火尿结。

方27　鲜丝瓜藤100克,捣烂拧汁,加蜂蜜60克。大猪羊1次灌服。治尿路结石。

方28　玉米须50克,柳叶55克,赤小豆60克,滑石25克,煎汁适量。大羊猪1次灌服。治膀胱结石,尿少疼痛带血。

方29　芹菜子125克,研末,煎汁适量。大母畜1次灌服。治尿涩热疼不利或带血。

方 30　生茶叶 50 克研末,适量开水冲,加入 1～3 个鲜猪胆汁调匀,候温灌服。治马骡热性尿闭。

方 31　木通 250 克,泽泻、猪苓各 100 克。共研细,加温开水 2 升。大畜 1 日 1 次灌服,连用 2 剂。

方 32　紫皮大蒜蒜泥(按 100 千克体重用 3～4 瓣),以纱布包扎,放阴道后端约 5～7 厘米处,10～15 分钟取出。若不见效,隔 1 小时再放 15 分钟,一般 1～2 次可排出尿液。适用于各种动物尿闭。

方 33　辣椒 1 个,放入母畜阴道口部或涂抹公畜阴茎头部。治大畜尿闭。

方 34　食盐炒至黄色,研细粉。取其少许放入病畜尿道口,即举尾排尿。若发现尿频不利有痛感者,再用车前草一把煎汁内服。

方 35　车前子 150 克,大葱 3 根,煎汁。大畜 1 次灌服。

方 36　蚯蚓 7 条,用白糖 10 克化开,加温开水 500 毫升,取上清液内服。治猪尿闭。

方 37　鲜金钱草 100～200 克,水煎 30 分钟,取液候温灌服。治母畜尿闭。

第五章　神经系统疾病土偏方

脑膜脑炎(脑黄)

【症　状】　病畜初期精神沉郁,反应迟钝,食欲减退。病程发展迅速,很快出现兴奋不安,不顾障碍,前冲猛撞,或做圆圈运动,或以头顶墙。行走时后躯打晃易跌倒。兴奋与沉郁交替发生。多数病畜体温变化不大,脉搏先快后慢,呼吸快而浅,发生便秘和尿闭。常出现局部脑症状,表现瞳孔左右大小不等,视力减退或消失,牙关紧闭,咽部麻痹,引舌出口不能收回,口唇歪斜或口唇弛缓下垂。常留有后遗症。

【治　疗】　先用冷水敷或淋头部,然后按中西医结合方法治疗。中草药可选用下列处方:

方1　紫草15克,生石膏55克,大青叶10克,共煎汁两次混合,加入捣烂的大蒜20克,分2次给猪羊灌服,早晚各服1次,牛马用此量的5～7倍,连服数日。治脑黄颈项强直,发烧口渴尿赤。

方2　银花20克,菊花15克,竹茹(竹毛、毛竹)10克,连翘15克,煎汁两次混合。羊每日早晚各服1剂,连服数日。治脑黄发烧、烦躁流涎。

方3　龙胆草20克,鲜松针50克,板蓝根25克,甘草15克,煎汁适量。羊猪1日分2次服,5日为一疗程。

方4　七叶一枝花(又名蚤休、重楼、独脚莲,俗称九道箍、铁灯台,以根茎入药)40克,银花20克,青木香15克,紫花地丁60克,煎汁适量。大猪1日分2次服,连服5日。

方5　大蒜捣烂取汁滴鼻,每日2～3次。预防用。

方6　贯众40克,野菊花15克,煎汁。大猪1次灌服,大畜用此量的5～7倍。猪预防用。

方7　大青叶20克,板蓝根25克,银花30克,煎汁。大羊1次灌服,马牛用6～8倍量。预防羊脑黄。

方8　萝卜250克,夏枯草25克,紫苏15克,紫背浮萍10克,甘草20克,青黛5克,共煎汁适量。猪羊1日分3次灌服,马牛用此量的5～7倍。防治流行性脑膜炎。

方 9　金银花藤 15 克，三棵针皮 20 克，扁豆衣 10 克，丝瓜络、荷叶各 15 克，竹叶 8 克，西瓜皮 45 克，煎汁适量。羊猪 1 日分 3 次混饲料中饲喂。治脑炎恢复期症状。

方 10　菊花 20 克，银花 25 克，蒲公英 30 克，桑叶 20 克，黄柏 15 克，煎汁适量。羊猪 1 日分 3 次灌服，连服 7 日，大畜用此量的 5 倍。治流行性脑炎发烧不安、不食。

方 11　草河车（珠芽蓼的根茎）20 克，黄芩 15 克，马齿苋 70 克，煎汁适量，加红糖 40 克。羊猪 1 日分 3 次混饲料中饲喂，大畜用此量的 5 倍。治脑炎发烧抽风。

方 12　青蒿 15 克，瓜蒌 50 克，栀子 20 克，大青叶 25 克，共研末。羊猪 1 日分 3 次混入饲料中饲喂，大畜用此量的 5 倍，连服数日。治脑黄发烧、吐沫抽风。

方 13　黄芩 40 克，黄柏 50 克，大黄 30 克，荆芥 35 克，薄荷 25 克，共研末，加白糖 100 克。马骡 1 次开水调灌，每日 1 剂，连服 7 日。治脑黄发烧、冲撞抽风。

方 14　南星（炮制晒干）30 克，全蝎 10 克，地龙 30 克，甘草 35 克，共研末，开水调，加猪苦胆适量。马牛 1 次灌服，每日 1 剂，连服数剂。治脑黄抽风发烧、吐沫冲撞。

方 15　石膏 100 克，朱砂 30 克，共研细末，开水冲调，候温。1 次灌服。治大畜兴奋型脑炎。

方 16　地牯牛 10 个，用酒 300 毫升浸泡，3 日后大畜灌服。

日射病及热射病（中暑）

【症　状】　病畜突然发病，精神沉郁，全身出大汗，运步不稳。结膜充血，呈暗红色。心搏动增强，脉搏疾速，呼吸促迫，体温 41～42℃，最后体温下降，兴奋不安，全身颤抖，瞳孔散大,汗少而粘,昏迷或痉挛,多因虚脱而死亡。

【治 疗】 立即将病畜牵到阴凉通风处,用凉水浇头或反复用凉水灌肠,大畜并灌服1%～2%凉食盐水5～8升。中草药治疗可选用下列处方:

方1 栀子45克,连翘50克,浮小麦150克,远志40克,煎汁候冷,加10个鸡蛋(用蛋清)。大畜1次灌服。

方2 香薷45克,黄连35克,白扁豆100克,酸枣仁65克,水煎两次共得汁3升,候冷加鸡蛋10个。大畜1日分2次灌服。

方3 柏子仁65克,赭石(煅细末)30克,西瓜皮300克,水煎两次共得汁3.5升,候冷,加白糖200克,食盐10克。大畜1日分3次灌服。

方4 西瓜汁5升,白糖150克,鸡蛋10个,调匀。1日内分3次给马灌服,连服3日。

方5 冬瓜(连皮切碎)1千克,鸭梨(去核切碎)500克,萝卜(去叶切碎)1千克,共捣烂细,加鸡蛋10个、食盐10克。马骡1日内分3次灌服。

方6 鲜西瓜蒂15克,马齿苋250克,绿豆芽200克,珍珠菜12克,共捣碎烂,加酸菜水1.5升调匀。羊猪1日分3～4次内服,马用此量的5～6倍。

方7 蝉蜕50克,鲜卷柏(万年松、佛手草、还阳草、长生草)100克,青蒿40克,鳖甲60克,共煎汁两次约4升。马1日分3～4次内服。

方8 绿豆衣、扁豆花各100克,鲜荷叶150克,煎汁两次共约4升。马1日分3次内服,羊猪用此量的1/5。治中暑发烧,烦渴吐沫。未病时服之可防。

方9 甘草30克,滑石120克,夏枯草60克,白茅根65

克,煎汁 3 升,加白糖 150 克。马骡 1 日分 2 次灌服。

方 10　鲜扁豆叶 150 克,鲜丝瓜花 50 克,生绿豆 100 克,白蒺藜 40 克,共煎两次得混合汁 3 升。马牛 1 日分 2 次灌服,羊猪服此量的 1/5。

方 11　灯芯草(煅存性)4 份,羊踯躅(闹羊花)2 份,荆芥炭 5 份,冰片 1 份,共研细末。每次吹入鼻中少许,1 日数次,同时多次适量给病畜灌服淘米泔水。

方 12　鲜藕 300 克,鲜芦根 250 克,莲子心 30 克,黄羊角或白山羊角 40 克(锉末),共捣烂煎汁两次约 4 升。大畜 1 日分 3 次灌服。

方 13　鸡蛋 10 个(用蛋清),食醋 250 毫升,井水适量调服。驴 1 次灌服。

方 14　生豆浆 2.5 升,白糖 250 克,调匀。大畜 1 次灌服,每日 2～3 次。

方 15　生姜 50 克,韭菜 150 克,共捣碎烂拧汁,每隔半小时滴入鼻孔数滴,同时再用薄荷 50 克,绿豆 500 克、萝卜 1 千克,煎汤 1 盆候凉。每 1～2 小时灌服 0.5～1.0 升。

方 16　韭菜 1 千克捣碎,置于少许凉水中挤汁,混菜油 150 毫升、白糖 200 克、鸡蛋 5 个。大畜 1 次灌服。

方 17　生绿豆 200～600 克擂浆,加入白糖 200～400 克。大畜 1 次灌服。隔 1～2 小时再用 1 次。猪羊酌减。

方 18　陈醋 200～300 毫升,加水适量。大畜 1 次灌服,猪用陈醋 20～50 毫升灌服。

方 19　韭菜 1 千克洗净挤汁,加 4 个鸡蛋(用蛋清)。大畜 1 次灌服。

方 20　鲜龙葵 500～700 克,红糖 200 克,煎汁灌服。牛每日 1 剂,连服 2 剂。灌后应注意有无毒副作用,有则停药。

方 21　鲜人尿 300～600 毫升,冲鸡蛋 3～5 个。牛 1 次灌服。

方 22　青蒿 250 克,绿豆 300 克,煎汤取汁,候凉加入童便 300 毫升。牛 1 次灌服。

方 23　苦瓜 3 千克切薄片,均匀撒布食盐 100 克,稍后用力揉搓,榨取苦瓜汁约 500 毫升,1 次灌服。鲜苦瓜叶揉汁灌服同样有效。

方 24　青竹叶 250 克,生石膏 100 克,捣碎加 200 毫升滚开水烫药,搅拌 15 分钟,间隔 3 小时后牛 1 次灌服。

方 25　鲜螺蛳 1～2 千克,砸碎澄清,取上清液,加白糖200～400 克,5～10 个鸡蛋(用蛋清),搅匀给牛灌服。

方 26　用湖底泥反复涂抹猪躯体。

方 27　鲜马鞭草 200 克捣烂,加入常水 1.0～1.5 升搅拌,滤渣,取药液 350 毫升,猪 1 次灌服。

方 28　刘寄奴、夏枯草各 15～20 克,切碎,水煎取汁,候温饮用。治或防各种家畜中暑。

方 29　薄荷水 3～4 滴,人丹 2～5 粒,加水适量,1 次内服。治兔中暑。

方 30　用三棱针(酒精消毒)刺破耳静脉、尾尖、脚趾放血。治兔中暑。

方 31　鲜苦瓜叶揉汁适量,灌服,治禽中暑。

膈痉挛(跳肷)

【症　状】　病畜食量减少或不食,垂头呆立,不愿行动。继而腹部出现有节奏的跳动,肷和肋弓处最明显。跳肷次数和心跳、呼吸不一致,在鼻孔附近可听到呃逆音。

【治　疗】　可选用下列处方:

方 1 旋覆花 40 克,苏子 130 克,豆腐 1 千克,共捣碎烂。大畜 1 次灌服。治肝郁气滞或肺气上逆引发的膈痉挛。

方 2 甘草 60～120 克,益母草 30 克(可不加),麻仁 250克,研末,加入腌韭菜水 1.5 升调匀。大畜 1 次灌服。如无腌韭菜水时,用鲜韭菜拧汁调服。治气血瘀滞引起的膈痉挛。

方 3 丁香 35 克,柿蒂 70 克,高良姜 70 克,甘草 50 克,共研末,开水冲调,候温。大畜 1 次灌服。治胃寒性膈痉挛。

方 4 丁香 30 克,柿蒂 70 克,党参 150 克,生姜 75 克,研末,开水冲调,候温。大畜 1 次灌服。治脾胃虚寒性膈痉挛。

方 5 刀豆子 100 克,生姜 65 克,研末,加蜂蜜 100 克,开水冲调,候温。大畜 1 次灌服。治虚寒性膈痉挛。

方 6 南瓜蒂 25 个,煅赭石 100 克,煎汁适量,候温。大畜 1 次灌服。治气滞跳肷。

方 7 老刀豆壳 145 克,柿霜 35 克,煎汁适量,候温。大畜 1 次灌服。治膈痉挛。

方 8 凤仙花(凤仙透骨草、指甲花)85 克,土鳖虫(去头足)30 克,蝉蜕 50 克,共捣烂,开水 3 升冲调,候温。大畜 1 日分 2 次灌服。孕畜忌服。治气血瘀滞引起的膈痉挛。

方 9 鲜茴香根 100 克,麦芽 120 克,竹茹 50 克,煎汁适量,候温。大畜 1 次灌服。治食滞湿浊引起的膈痉挛。

方 10 陈皮 50 克,姜半夏 40 克,荷叶蒂 120 克,煎汁适量,候温。大畜 1 次灌服。治气郁湿滞引起的膈痉挛。

方 11 鸡内金 50 克,食盐 15 克,微炒研末,加开水、食醋各 300 毫升,调匀,候冷,打入新鲜鸡蛋 10 个。大畜 1 次灌服。治脾虚食积引起的膈痉挛。

方 12 香樟子 100 克研末,加入白酒 100 毫升,水适量。马骡 1 次灌服。

方13　柿蒂7个,红糖50克,水煎去渣,候温灌服。治羊跳欣。

方14　朱砂6～10克,甘草30～60克,研末,马骡1次灌服。

颜面神经麻痹(吊线风、歪嘴风)

【症　状】　一侧颜面神经麻痹较为多见,表现耳廓松弛、歪斜,呈水平状或下耷。上眼睑及下唇下垂,上唇偏向健侧;鼻孔下陷,鼻尖连同上唇向左侧或右侧歪斜。采食、饮水困难,口内聚集食物。两侧颜面神经同时麻痹时,嘴唇不歪斜,但松弛下垂,呼吸困难,严重影响采食饮水。

【治　疗】　可选用下列处方:

方1　白芥子20克,皂角35克,雄黄20克,共研细末。陈醋调膏涂患部,每日1次,结合针灸开关穴。

方2　火麻仁(去皮)、鲜生姜各125克,共捣成软膏涂于病畜锁口穴上方两侧,纱布包扎。每日1次,并火针锁口穴。

方3　天麻25克,白附子20克,全蝎10克,僵蚕35克,共研末,开水冲调,候温。大畜1次灌服。

方4　明天麻45克,炙马钱子6克,甘草35克,共研末,开水冲调。大畜1次灌服,兼治血热肿毒。

方5　马钱子适量,加入炒热的沙子中,炒至呈深黄色并鼓起时取出,筛去沙子,刮去毛,研为细末,撒于橡皮膏上一薄层,贴敷于口眼歪斜的面部(向左歪贴右,向右歪贴左),7日换药1次,至恢复正常为止。

方6　皂角(本品与猪牙皂形状不同,但效用相同)适量,研末,加等量荞麦面,醋调加温,贴敷麻痹部位,经2小时后取下,隔1日贴1次,3次为一疗程。

方7　大核桃1个去仁,放入蝎子3个,置炭火上烧至冒烟离火,共研细末,开水适量冲调,加黄酒150毫升。大畜1次灌服,连服2日。

方8　蜈蚣5条,白附子35克,防风90克,甘草40克,研末,开水适量冲调,加黄酒120毫升,候温。大畜1次灌服。

方9　白芥子30克,皂角25克,雄黄20克,共研末,醋调贴敷歪斜对侧,贴前先在患部咬肌皮肤上针刺出血,然后贴上药膏,纱布包扎。

方10　草乌(为乌头的主根,本方用炮制过的草乌,炮制法是将草乌用凉水浸泡,每日换水3次,口尝仅稍有麻辣感时取出,加5%甘草、10%黑豆,用水煮至草乌熟透内无白心为止,拣净草乌晒大半干时切片,晒干)60克,细辛、良姜、白芷各30克,共研末,加鲜姜捣成泥状。外敷患部并包扎。

方11　白芷30克,白及10克,研极细末,用活鳝鱼割尾滴血调成稀膏。外敷歪斜对侧,5~7日换药1次,至恢复为止。

方12　蓖麻籽去壳捣成泥状,敷于歪斜对侧下颌关节及口角部,厚约0.3厘米,纱布绷带固定,每日换药1次,至愈。治创伤引起的吊线风。

方13　鲜蓖麻叶加黄酒捣成泥状,贴于面部歪斜对侧,干即换药。治瘀血引起的吊线风。

方14　生南星1份,生栀子2份,共研细末,用醋调敷歪斜对侧下颌骨角处,干即换药。治吊线风初期。

方15　制半夏25克,制南星20克,荆芥35克,防风30克,蜈蚣5条,煎汁适量。大畜1次胃管投服,每日早晚各服1剂,同时用松香30~50克,烧酒100~200毫升,煎化,涂敷歪斜对侧,1日1次,每次换药前,先用嫩桑皮100克,嫩槐枝

200 克,花椒 30 克,艾叶 25 克,煎汤乘热频洗颜面,先洗歪侧,后洗对侧。

方 16　草乌 10 克,白芷 20 克,研末,鲜鳝鱼尾血或鸡蛋清适量调涂歪斜对侧。另用全蝎 15 个焙研末,开水适量冲调,加黄酒 100 毫升,大畜 1 次灌服。外涂内服每日各 1 次。涂药前先剪毛,用白芷 30 克煎汁洗净患侧。

方 17　去皮巴豆 7 粒,青葱叶 1 棵,鲜姜 1 片,共捣为泥,做成丸,塞入歪斜对侧鼻孔,再用药棉堵塞,经 30～60 分钟取出。

癫痫(羊痫风、羊角风)

【症　状】　本病在发作之前有某些先兆症状,如精神委顿或兴奋,有尖叫声等。发作时病畜颤栗,身体摇晃,鼻孔开扩,呼吸深长。倒地后开始强直性或阵发性抽搐,眼球翻动,瞳孔散大。面肌及耳鼻唇抽搐。颌骨有痉挛性运动,口流泡沫,可听到轧齿音,牙关紧闭,粘膜常呈蓝紫色,随之四肢和驱干剧烈收缩,四肢出现游泳样动作,呈现不随意排尿或排粪,刺激无反应。发作初期呼吸可瞬间中断,随阵发性痉挛的来临而恢复。心跳加速,脉硬细。痉挛由 30 秒到 5 分钟,呼吸促迫,并发呻吟声。痉挛后恢复正常,表现疲劳衰弱。反复发作时间不一,或发作 1 次即停止。

【治　疗】　可选用下列处方:

方 1　白矾 30 克,皂角 50 克,防风 40 克,蜈蚣 5 条,共研细末,茶水适量冲调,候温。大畜 1 次灌服。治风痰引起的癫痫。

方 2　黄羊角 50 克,朱砂 10 克,菖蒲根 100 克,全蝎 15克,共研末,开水调冲。大牛 1 次灌服。治癫痫倒地抽搐。

方 3　薄荷叶 20 克，川芎 50 克，茯苓 100 克，制南星 45 克，共研末，开水冲调。大畜 1 次灌服。治癫痫抽风吐沫。

方 4　蚰蜒 5～10 个，用鸡蛋数个开洞装入蚰蜒，焙干研末。分 5 次给羊猪混入饲料中吃下，每日 1 次。

方 5　鳖 1 个，山羊角 50～60 克，加水煮至鳖熟，给大猪羊吃肉喝汤，每日 1 次，连吃 7 日。防治猪羊羊痫风发作。

方 6　胡椒（黑白都可）4 克，萝卜子 15 克，缬草 15 克，共研末，用山羊角 30～50 克煎汁适量冲调。大猪羊 1 次灌服，病重的每日早晚各服 1 次。治寒痰毒邪引起的羊痫风病。

方 7　酸枣仁 50 克，地龙（晒干）35 克，共研末，鲜黄瓜藤 250～500 克，煎汁适量冲调，候冷。大畜 1 次灌服，或 1 日分 2 次灌服。治外感热邪或痰火扰心引起的癫痫病。

方 8　朱砂 1 克，酸枣仁 15 克，乳香 5 克，共研末，开水冲调。大猪 1 次灌服，病重的早晚各服 1 剂，混饲料中吃下亦可。治风邪引起的癫痫。

方 9　郁金 20 克，白矾 15 克，全蝎 7 克，共研末，开水冲调。大羊 1 次灌服，大畜用 3 倍量。治气滞痰瘀性癫痫。

方 10　蛇蜕 10 克，半夏 12 克，贝母 15 克，共焙干研末，开水冲调。大羊 1 次灌服，视病情轻重，每日 1～2 剂，大畜用此量的 5～6 倍。治癫痫痰迷心窍。

方 11　僵蚕 50 克，白矾 30 克，荆芥 65 克，蝉蜕 100 克，共研细末，开水冲调。大畜 1 次灌服，治风邪引起的癫痫。

方 12　猪心 1 个，用黄泥包住焙干，川贝母、朱砂各 10 克，共研细末。大畜分 6 次混饲服完，每日早晚各 1 次。

方 13　丹皮 15 克，鱼鳔胶（蛤粉炒）20 克，共研末。大猪 1 次混入饲料中吃下，病重者每日 1～2 剂。

方 14　皂角 35 克，全蝎 20 克，木香 30 克，共研末，开水冲调,加黄酒适量。大畜1次灌服。

方15　蚤休根(即七叶一枝花根)15克,胆南星12克,羌活7克,黄豆150克,研末,葱汁开水调匀。羊1次灌服。或水煎服加菜油少许。

方16　茶叶(经霜的)15克,白矾10克,柴胡12克,共研末,开水冲调。羊1次灌服或混入饲料吃下。

方17　羊苦胆1个,装入9只蜜蜂,外包黄表纸7~8层,用线扎住,涂泥一厚层,放木柴火上焙干,剥去泥纸,研末。视羊体大小,每次6~10克,加黄酒为引,开水调灌,或混入饲料吃下。

方18　红蓖麻根(红茎红叶的)65克,鸡蛋2个,加醋适量煎煮1小时,去蓖麻根,候温。大猪1次将药汁鸡蛋吃下,每日1次,连服数日。

方19　凤凰衣(带卵壳)60克,白矾16克。研为细末,开水冲调,加蜂蜜200克为引。大畜1次灌服。

方20　浮小麦、炙甘草各100克,研为细末,开水冲调,加大枣泥200克为引。大畜1次灌服。

方21　炙马钱子3克,地龙31克。研为细末,水煎汁。大畜1次灌服。

方22　取生锈严重的铁块和水磨擦,至水成棕红色,煮沸。取铁锈水2升,候温。成牛1次灌服。

方23　白矾25克,鸡蛋4个(用蛋清)。先将患犊耳尖针刺放血,然后用白矾与鸡蛋清混合调匀,加水适量。犊牛1次灌服。

方24　白矾100克,郁金60克,赭石80克,开水冲调,候温后加5个鸡蛋(用蛋清)。牛1次灌服。

第六章　新陈代谢疾病土偏方

骨 软 症

【症　状】　马多发生在冬春季节。病初呈现消化紊乱,间有异食癖,病期延长则逐渐消瘦,动作谨慎而紧张,好出汗,易疲劳,反复出现不明原因、时轻时重的跛行。有时吐草。病畜喜卧地,严重时躺卧不能起立。病情发展,则骨骼变形,头骨肿大,颌凹狭窄,关节肿胀,肋骨增粗,脊椎弯曲变形,易发生骨折。穿刺额骨,容易刺入。母畜在妊娠后期及泌乳盛期病情加重。牛症状基本同马,异食癖更为明显。病牛尾巴柔软,严重的可以像绳一样缠绕弯曲。

【治　疗】　可选用下列处方试治:

方1　乌贼骨 70 克,牡蛎 65 克,麦芽 60 克,共研末,开水冲调,加蜂蜜 100 克。大畜隔日 1 剂,灌服 15 剂为一疗程。

方2　石菖蒲 15 克,龙骨 50 克,补骨脂 20 克,共研末。羊1次混入饲料吃下。隔日 1 剂,15 剂为一疗程。

方3　草木灰 1.5 千克,加清水 5 升,充分搅拌后静置 1 昼夜,取上清液煮沸浓缩至 1 升。每次羊猪 25～35 毫升,每天3次混入饲料中吃下,连续饲喂 100 天。

方4　龟板(焙干)20 克,焦神曲 25 克,骨碎补 15 克,共研末。大猪 1 次,50 千克以下的猪分 2 次,混入饲料吃下,隔日 1 次,20 次为一疗程。治体虚消化不良缺钙。

方5　兽腿骨(焙黄)65 克,螃蟹(焙焦)70 克,五加皮 35 克,甘草 20 克,共研末,开水冲调。大畜 1 次灌服。

方 6　骨粉 65 克,何首乌 45 克,鸡内金或鸭内金 15 克,共研末,加鱼肝油 12～15 毫升。混饲料中给猪 1 次吃下。防治消化不良引起的骨软病。

方 7　鸡蛋壳 100 克,田螺 150 克,食盐 5 克,共捣碎烂,加醋 250 毫升,水 500 毫升,煎开半小时,候温。大畜 1 次灌服,隔日 1 剂,30 剂为一疗程。

方 8　小鱼(带杂阴干,或鲜的捣碎)200 克,黑豆炒干 250 克,金樱子 100 克,神曲 50 克,共研末。猪 1 次开水调服,或混入饲料吃下。治肾脾亏虚,运化失调,骨软乏困。

方 9　鲜牡蛎肉 150 克,酵母 30 克,胡萝卜 250 克,菠菜 200 克,共捣碎烂,开水适量冲调,候温。大畜 1 次灌服,隔日 1 剂,30 剂为一疗程。

方 10　兽腿骨(油炸黄)150 克,麸皮 45 克,山楂 35 克,共研末,加番茄 1 千克,鸡蛋带皮 5 个,共捣碎调成稀糊状。牛隔日 1 剂灌服,15 剂为一疗程。

方 11　南京石粉 200 克,苍术、元胡、牛夕、红花、甘草各 25 克,鱼肝油 20 毫升,鸡蛋带皮 5 个,混合口服,马 1 次量。每日 1 次。

方 12　南京石粉 30～60 克,食盐 15 克,混在豆饼里拌草饲喂,马 1 次量。每日 1 次。

方 13　苍术、牡蛎、黄芪各 30 克,焦三仙各 30 克,山药、陈皮、枳壳各 25 克,广木香 20 克,甘草 15 克,共研末,开水冲调,加麻油或核桃仁 90 克。大畜 1 日 1 次灌服,连服 5～7 剂。

方 14　龙胆根 60 克,炒牡蛎、南京石粉、苍术各 150 克。共为细末,混合均匀,每天混饲料中 30 克,连用数日。

方 15　乌贼骨、蚕粪、鸡卵壳、苍术各 200 克,共为细末,混合均匀。每次混饲料中 30 克,每天 2 次,连用数日。

方 16　牡蛎 30 克,龙骨 33 克,螃蟹 45 克。共研末,大畜每日 1 剂灌服,连用数日。

方 17　煅牡蛎 40 克,龙骨 10 克,食盐 10 克,研细末,拌麸料中喂服。生马钱子 1.5 克切碎,拌草中喂服。马属动物每日 1 剂,连喂 7 日。

方 18　嫩酸枣枝条若干,切碎捣烂,各种家畜每日饲喂,用量不限。

方 19　苍耳 500 克,杜仲 120 克,共水煎煮 3 遍去渣,混合冲酒 100 毫升和兽骨粉 100 克,给牛灌服。

方 20　金刚藤(菝葜)500 克,切细,加大米 500 克、盐 20 克,煮成稀饭喂猪,日服 1 剂,连服 2～3 剂。

方 21　苍术 2 份,石决明 1 份。共研细末,制成散剂。大畜每次 80 克,小畜酌减,1 次喂服。

方 22　日粮中加喂 2％的蛋壳粉或骨粉、鱼粉。防治家兔佝偻病。

方 23　苍术 2 份,石决明 1 份,共研末。每只禽 1 次服 1 克,1 日 2 次喂服。防治禽维生素 D 缺乏症。

异嗜癖(舐癖)

【症　状】　病畜舐食、啃咬或吞食各种异物,常有消化不良或腹泻,久则消瘦,贫血。母畜多发生流产,最后可因衰竭、瘦弱死亡。

【治　疗】　通过改换放牧场,或改善饲料,可在短期内恢复正常。防治可酌情选用下列处方:

方 1　鸡蛋(带皮)1～2 个,胡萝卜 100 克,共捣碎烂。羊羔 1 次量,日服 1 次。防治吃毛癖。

方 2　骨粉 10～15 克,食盐 3～5 克,麸皮 50～70 克,研

末掺匀混入精料。羊1次量，每日1次，连服30次。防治吃土灰异物。

方3　巴豆7粒，研末去油，用生、熟清油各30毫升调服。治母猪吃胎衣。

方4　小鱼200～400克（干鲜均可），食盐10克，捣和一起，大畜1次灌服。

方5　骨粉30克，鱼粉60克，食盐5克，麦芽40克，山楂20克，共研末。混入饲料中吃下，为羊猪1日量，连服20日为一疗程。大畜用此量的5～8倍。治啃食毛骨等异物。

方6　灶心土60克，硫酸镁25克，龙骨50克，鸡蛋2～3个，葱白30克，共捣碎烂，混入饲料中吃下。为羊、猪、驹、犊1日量，隔日1剂，15剂为一疗程。防治异食癖和幼畜抽搐。粪干结时加蜂蜜适量。

方7　芒硝150克，草木灰35克，灶心土100克，研末，开水适量冲调，候温，加鸡蛋7个。大畜1次灌服。防治异食啃墙癖。

方8　小苏打10克，食盐5克，酒曲30克，黑豆100克，共研末。混入饲料中，羊猪1日1次吃下，连服15日，大畜用此量的3～5倍。治异食不化，瘦弱，鼻镜多汗。

方9　红土4份，生石膏5份，麸皮10份，食盐1份，焦槟榔2份，麦芽7份，共研细末。猪羊每次30～40克，大畜每次100～150克，混饲料中饲喂。治虫积异嗜。

方10　芒硝、滑石、榆树皮各250克，共为末，开水冲药加黄酒250毫升。大畜1次灌服。

方11　燃烧过的煤砖灰或红黄干土适量。撒在猪圈地面，任猪自由采食。

方12　母猪鬃毛100克烧灰，调水灌服。治母猪食子癖。

方 13　植物油或蓖麻油 15 毫升,每日 2～3 次内服,连服 1～2 日。治兔食毛症。

方 14　大黄 6 克,芒硝 6 克,枳实 5 克,厚朴 7 克,加适量水,煮开后微火煎 20～30 分钟。兔 1 日剂量,分 2 次服,连服 2 日。治兔食毛症。

消瘦(瘦弱病)

【症　状】　开始虽然身体高度消瘦,食欲还可能很旺盛,但以后食欲减少,毛焦肷吊,精神沉郁,结膜苍白,眼球凹陷,下唇松弛,有时胸前或四肢浮肿。口干食减,体温降低,异常乏弱,起立困难,甚至颤抖、自汗、虚脱。

【治　疗】　应以护理为主,积极改善营养,配合必要的药物治疗。中草药治疗可选用下列处方:

方 1　胎盘粉 60～150 克,开水冲调。大畜 1 次灌服。猪每日 10 克混饲。

方 2　狗肉汤(或牛肉汤)5 升。大畜 1 次灌服,每隔 1～2 日 1 次,连服 3～5 次。

方 3　酵面、生白萝卜(切碎)各 500 克,香油 150 毫升,混合。大畜 1 次灌服,2 日 1 次,10 次为一疗程。治脾虚不运,瘦弱。

方 4　白萝卜(切碎)500 克,小米 300 克,猪油 150 克,蜂蜜 120 克,混合加水适量煎开,候温。大畜 1 次灌服,隔 3 日 1 次,连服 3～5 次。

方 5　新鲜牛羊或猪骨头 200 克,砖茶 70 克,小米 100 克,食盐 30 克共研末,开水冲调候温。大畜 1 次灌服。

方 6　生姜(切碎)60 克,红糖 300 克,田螺(带壳捣碎)150 克,香油 120 毫升,开水适量冲调。大畜 1 次灌服。

方7　蝗虫(炒焦研末)150克,开水冲调。大畜1次灌服,中小畜酌减。

方8　童便300毫升,黑豆面(炒香)300克,淘米水适量冲调。大畜1日1次灌服,连服15日。治瘦弱易出汗。

方9　党参100克,白术50克,山药150克,共研末,热米汤冲调。大畜1日1次灌服,连服15剂为一疗程。治瘦弱不贪水草。

方10　榆树叶、马铃薯各500克,葱白30克,共切碎捣烂,打入鸡蛋5个,淘米水适量冲调。大畜1日1次灌服,连服15日。治瘦弱呆钝,尿不利或水肿。

方11　小鱼(晒干研末)100克,青萝卜(切碎)200克,食盐5克,共同调匀。混合饲料喂猪,每日1剂,连吃15日。

方12　皱叶狗尾草(化衣草)500克,老南瓜瓤或南瓜根200克,煎汁,对蜂蜜200克灌服。治牛吃胎衣瘦弱症。

方13　黄豆250克,食盐5克,煮熟喂羊。

僵　　猪

【症　状】　食欲不振,发育停滞,皮毛粗乱,体格瘦小,弓背吊肷,行动迟缓。有的贫血便秘与腹泻交替发生。

【治　疗】　可选用下列处方:

方1　大麦芽50克,苦参10克,莱菔子20克,研末。混饲料喂,25千克以下的猪每日早晚各喂半量,25千克以上的,剂量加倍,连喂10日为一疗程。治慢性胃肠障碍、发育不良。

方2　神曲250克,何首乌、山楂(可不加)、贯众各150克,共研细末。每日服15～20克,体重25千克以下的猪1个月服完。治心脾虚损,发育停滞。

方3　何首乌、贯众、鸡内金、炒神曲、苍耳子各50克,炒黄豆 200 克,共研末。每日早上混入饲料喂猪,分 15 日服完。

方 4　神曲、麦芽、当归各 65 克,黄芪 60 克,山楂、使君子各 100 克,焦槟榔 45 克,党参 25 克,共研细末。混料饲喂,25 千克体重的僵猪分 3 日服。由寄生虫引起的,重用山楂、槟榔、使君子,加麦芽;气血虚的重用当归、黄芪;脾虚的重用党参、神曲。

方 5　母蛤鱼(青蛙)干的 65 克或活的 100 克,无毒蛇(如黄链蛇、黄背白环蛇、乌蛇、翠青蛇、虎斑游蛇等)干的 35 克或活的 60 克,切碎给体重 25 千克左右的僵猪 1 次混料饲喂。治风毒或肺气虚引起的发育不良。

方 6　石菖蒲 20 克,苦参 15 克,黄精 25 克。体重 25 千克左右的僵猪煎汤连渣灌服,或将上药加入饲料中煮喂,每日 1次,连服 10 日为一疗程。治体亏脏虚引起的发育不良。

方 7　何首乌 20 克,山药 30 克,萆薢 15 克,切碎,煮入饲料中饲喂。体重 25 千克以下的僵猪每日 1 次,15 日为一疗程。治心肾虚亏引起的发育停滞。

方 8　槐树根 35 克,煎汁适量。体重 20～25 千克的猪 1次混饲料中服下,每日 1 次,连续 5 日。治脏毒引起的发育不良。

方 9　青萝卜 500 克切碎,食盐 2～3 克,小米(炒焦研末)200 克。25 千克左右的僵猪 1 日吃完,连服 15 日。治营养失调引起的发育停滞。

方 10　鱼头焙干研末 250 克,蜈蚣焙干研末 2 克,鲜萹蓄切碎 65 克。25 千克左右的僵猪,混饲料中 1 日饲喂完,隔 2日 1 剂,5 剂为一疗程。治湿毒伤脏发育停滞。

方 11　苍术、松针叶、侧柏叶各 15 克,共为细末,混饲料中喂给。

方 12　胡萝卜 100～200 克,苍术 30～60 克,喂服。

方 13　芒硝 25～35 克,大黄 10 克,番泻叶 6 克。研末喂服。治慢性胃肠病引起的僵猪。

方 14　萹蓄 30 克,蜈蚣(焙干)2 条,共为细末。分两次混饲料中喂给。

方 15　钩吻(又名胡蔓藤、断肠草、大茶药,对人有剧毒,畜禽耐受性高)叶 20～40 克,阴干粉碎为末。对 12.5～25.0 千克体重的猪,用猪油 25 克炒饭拌药粉 20～30 克,早晨空腹顿服,每日 1 次,连服 3 日。体重 7.5 千克以下者减半,1～2 月龄仔猪每 25 千克体重服 30 克;每增重 25 千克加药量 20 克。

方 16　干大麦芽、贯众各 2 份,何首乌 1 份,共为细末。每 5 千克体重用 5 克药末,拌精料喂,早晚各 1 次,连用 20～30 日。

方 17　干马齿苋 1 千克,神曲 0.5 千克。共研细末拌料 100 千克。用药前先驱虫,以后停食 1～2 顿,然后喂服加药的饲料。

方 18　干酵母 50～100 克,贯众 9～15 克。共为细末,喂服。

过劳(伤力)

【症　状】　轻者在劳动中突然发现病畜精神沉郁,结膜呈暗红色,全身出汗,体温升高,休息二三天可逐渐恢复。重者伴发肺水肿,呼吸困难,听诊肺部有湿罗音,鼻流白色泡沫样鼻液。常并发过劳性肌炎或蹄叶炎,甚至卧地不起或突然倒地抽搐,心力衰竭而死亡。

【治　疗】　可选用下列处方:

方 1　小苏打 100～200 克,水适量,1 日 1 次灌服,以补碱解毒。随后用西瓜皮 250～500 克煎汁 200～300 毫升,徐徐灌服,以退烧利尿。治马骡急性过劳初期,发烧出汗失神。

方 2　水菖蒲根 100 克,甘草 50 克,滑石 150 克,共煎汁适量,徐徐灌服。治马伤力出汗抽搐,呼吸困难。

方 3　葶苈子 65 克,胆南星 30 克,白矾 40 克,竹叶 30 克,共研末,开水 200～250 毫升冲调,加蜂蜜 100 克,候冷。给马骡徐徐灌服。治急性过劳发烧喘急,烦躁不安。

方 4　淡竹叶 25 克,生石膏 50 克,葶苈子 65 克,共研末,开水 2 升冲调,候冷,加 5 个鸡蛋(用蛋清),给马骡徐徐灌服。治急性过劳发烧,呼吸困难,肺有水泡音。

方 5　酸枣仁 50 克,茯苓 60 克,炙甘草 90 克,炮附子 35 克,加凉开水煎开 1.5 小时,滤汁,加入 5 个鸡蛋(用蛋清)。给马骡徐徐灌服。治急性过劳引起的心脏衰竭。

方 6　鲜万年青 60 克,干癞蛤蟆皮 25 克,炙甘草 100 克,车前子 50 克,共煎汁适量。马骡 1 日分 2～3 次徐徐灌服。

方 7　红糖 300～500 克,菟丝子 65 克,茵陈蒿 50 克,川芎 60 克,瞿麦 35 克,共煎汁适量。马骡 1 日分 2～3 次徐徐灌服。

方 8　党参 100 克,柏子仁 35 克,益母草 60 克,柏树叶 60 克,煎汁适量。马骡 1 次徐徐灌服。治急性过劳心悸气喘。

方 9　瓜蒌皮 100 克,红芍药花根 40 克,川芎 45 克,甘草 60 克,煎汁适量。大畜 1 次徐徐灌服。治急性过劳心悸发绀。

方 10　红糖 500 克,茶叶 100～150 克,煎汁适量,加鸡蛋 5 个。牛 1 次徐徐灌服。治急性过劳,乏弱无神,心跳减慢。

方 11　向日葵盘 100 克,莲子心 30 克,桑叶 60 克,玉竹

50 克,煎汁适量。大畜 1 次徐徐灌服。治急性过劳,站立不稳,发呆。

方 12 白酒 250 克,大畜 1 次灌服。

方 13 砒石 0.5 克,甘草 50 克。研为极细面,混在精料粉末内,放饲槽中,任其自行舐食。每日 1 次,可连续用 1 周左右。马慢性过劳症复壮用。

维生素 A 缺乏症(夜盲症)

【症　状】　幼畜、幼禽生长停滞,发育不良,视力减弱,有干眼病、结膜炎、夜盲症、角膜混浊,体质瘦弱。马常患蹄叶炎。牛羊常患产后胎衣不下,子宫内膜炎或不妊症。猪有明显的神经症状,如共济失调,转圈,肌肉痉挛或麻痹,呈嗜睡状态。消化呼吸器官有卡他性炎症。母畜流产,产死胎或虚弱仔猪,易致咳嗽下痢或震颤瘫痪。禽常从眼中流出水样分泌物,眼睑被分泌物粘着,严重时角膜软化、穿孔失明。

【治　疗】　重视供给青饲料即可自愈。也可选用下列处方:

方 1 胡萝卜 150 克,韭菜 120 克。羊猪 1 次混入饲料中喂,每日 1 次,大畜用 5 倍量。

方 2 南瓜 30 份,胡萝卜 20 份,茶叶 1 份,共捣碎烂。羊猪每次 200~300 克,大畜每次 500~1 000 克,混饲。

方 3 动物肝(鸡、兔、羊、牛、猪的较好)50~100 克,鸡蛋 1~2 个,共同捣烂调匀。羊猪 1 次混入饲料中喂,大畜用此量的 5~7 倍。

方 4 菠菜 1 500 克,猪肝 250 克,共捣碎烂,开水冲调,候温。大畜每日 1 次内服,连服 5 日。

方 5 夜明砂 65 克,猪肝 500 克,共同捣烂,开水冲调。

大畜 1 次内服。

方 6　羊肝 150 克，苍术 5 克，共同捣烂，开水冲调。羊猪 1 次内服，大畜服 5 倍量。治肝虚脾湿，虚热上攻，夜盲眵多。

方 7　羊肝 150 克，谷精 75 克，共同切碎捣烂，开水冲调。羊猪 1 次内服，大畜服 5 倍量。治多眵有血丝、夜盲。

方 8　苍术，犊、驹内服 30～50 克，羔羊及仔猪 3～8 克，每日 1 次，连续服用。

方 9　苍术末（内含维生素 A，维生素 D），每次 1～2 克，日服 2 次，连用数日。治禽维生素 A 和 D 缺乏症。

第七章　外科疾病土偏方

湿　疹

【症　状】　初期皮肤变粗厚而红，有红斑或丘疹，以后变成水泡或脓疱，溃破后流脓。发病不久则见瘙痒磨擦，使皮肤损伤，常有渗出、结痂、脱毛、皮肤粗糙等病变。

【治　疗】　中药治疗可选用下列处方：

方 1　花椒、艾叶各 2 份，食盐 1 份，白矾 4 份，大葱 8 份。煎汁洗浴患部，每日 2～3 次。治初期皮肤红痒。

方 2　苍耳子 3 份，地肤子 1 份，蛇床子 2 份。煎汁洗浴患部，每日 2～3 次。治初期皮肤红斑发痒。

方 3　菊花 100 克，银花 75 克，蝉蜕 120 克，甘草 60 克，共研末开水冲调。大畜 1 次内服，另用苍耳全草煎汁洗患部，每日内服、外洗各 1 次。治急性湿疹初期瘙痒。

方 4　玉米须（焙干存性）2 份，苍术 1 份，研末，有渗出液的用药末干敷,不流水液的用香油调敷患处。治湿疹瘙痒或溃流脓水。

方5 "米糠油"(制法:将米糠放入桶壁及底部钻许多小孔的铁皮桶内;铁皮桶内另装一燃着炭火的小铁桶,压在糠上烧灼,使"米糠油"经小孔流入净容器中)涂于患部,每日1~2次。治湿疹痒疼。

方6 黑豆1份,大黄3份,共研末,撒布流脓水处,1日2~3次。治湿疹水泡破溃期。未溃时用香油调敷患部。

方7 百草霜1份,香油4份,共同煎开,加入蜂蜡2份,化开调匀凝膏。每日涂患部1~2次。治湿疹痒疼。

方8 蛇床子1份,苦参2份。煎汁洗患部,1日2~3次,每次洗后用白矾、雄黄等量研末撒布溃烂处,未溃烂的用黑豆油调药末涂于患部。治湿疹已破或未破。

方9 大葱3份,艾叶2份,花椒1份。煎汁洗患部,每日2次,洗后用陈石灰、百草霜、灶心土各等份研末撒布患处。治腿部湿疹搔痒磨烂。

方10 浮萍1份,薄荷2份,苍耳全草3份。煎汁洗患部,每日3次。治湿疹初期红肿起泡。

方11 白凤仙花3份,地肤叶梗2份,白矾1份。煎汁洗患部,每次20分钟,每日2次,洗后用松香、枯矾各3份,青黛1份研为细末,香油调敷患部。治湿疹此起彼伏日久不愈。

方12 烟梗3份,花椒4份,盐1份。煎汁洗患部,每日3次,洗后用槐树叶、柏树叶、柳树叶各等份捣烂,纱布拧汁涂患部。治湿疹水泡未破奇痒。

方13 绿色铜锈(可用醋喷在铜上生成),刮取后放入去核枣内,炭火上焙焦存性,加枯矾、煅石膏、冰片各等份,共研细末。湿疹溃烂的撒布于疮面,未溃烂的用香油调抹患部。

方 14　青胡桃皮 1 份,鲜柏树叶 2 份,绿豆面适量,共捣成糊。涂患部,每日 1 次。治湿疹顽痒日久不愈。

方 15　鲜嫩松球捣烂拧汁涂患部,1 日 3 次。治慢性湿疹。

方 16　蚕豆荚(焙焦存性)3 份,蚌壳(煅存性)1 份,共研末,菜油调。涂患部,1 日 2 次。治湿疹溃破流脓水。

方 17　韭菜根 5 份,大葱 3 份,生姜 2 份,蒜 1 份,共捣烂,开水泡半小时取汁洗患部,1 日 2 次。治湿疹痒疼起泡。

方 18　马齿苋适量煎汁洗患部,每日 2 次,洗后用鲜马齿苋捣烂,醋调敷患部。治阴囊湿疹。

方 19　新鲜石灰 1 份,水 10 份,溶解搅拌取澄清液洗患部,洗后用土豆捣碎敷患部,每日早晚各 1 次。治湿疹未破。

方 20　枯矾 3 份,黄柏、滑石各 1 份。研成极细末,过罗,撒布患处。

方 21　鲜旱莲草 500 克,捶烂加入冰片 10 克。用纱布包好挤汁涂抹患部,每日 3 次,连用 2～3 日。

方 22　枯矾、乌贼骨、乳香各等份。共为细末,香油调,涂擦患部。

方 23　密陀僧(氧化铅)20 克,蛇床子 60 克,白矾 15 克。共为细末,醋调外涂。每日 1 次,连用 2～5 次。

方 24　成熟干大蒜瓣烧灰存性研为细末,以食油调和涂患部,每日 1～2 次。

方 25　石膏 3 份,硫黄 2 份,青黛 1 份。共研细末,用猪油适量调膏,涂患处。

方 26　活蜥蜴用开水烫死,除去头足内脏,置新瓦片上文火焙干,研细粉,取 50 克,加酒 50 毫升,混匀,加水适量。大畜 1 日 1 次灌服,连用 2～3 次。

方 27 枯矾 3 份,木炭 7 份,共研细末混匀撒布患处,每日 2～3 次。

方 28 鲜野菖蒲根茎 500 克(可供 10 头仔猪用)。洗净,切成 3 厘米左右段,加水 2 升,小火煮沸,捞去药渣,候温,用纱布蘸汁反复涂擦仔猪患部。每日 1 次,连用 2～3 次。

方 29 老南瓜蒂置新瓦上焙干研细末。敷患部后用布包扎,1 日 1 换。治仔猪脐部湿疹。

荨麻疹(风疹块)

【症 状】 全身突然出现大小不等凸出皮肤的扁平疹块,最初边缘明显,以后边缘相接或相互融合。肿胀处皮肤发硬、刺痒。常在眼睑、嘴、头部、四肢及肛门等处出现,有时迅速消退,但又可长出新的疹块。

【治 疗】 先除病因再治疗。可选用以下处方:

方 1 鲜韭菜 10 份,盐 1 份,共捣碎烂,涂擦患部,汁尽即换,每次半小时,1 日 3～4 次;另用韭菜 500 克切细,开水冲调内服,每日 3～4 次。治马荨麻疹刺痒。

方 2 苍耳子 150 克,水菖蒲 60 克,红花 50 克,研碎,开水冲调。大畜每日早晚各内服 1 次。治荨麻疹初起。

方 3 活蚯蚓适量,放入适量白糖中溶化。涂擦患部,1 日数次。治荨麻疹热痒。

方 4 蛇蜕 30 克,绿豆 500 克,共煎汤适量。连渣给马内服,每日早晚各 1 次。治荨麻疹屡发。

方 5 蝉蜕 75～100 克,鲜蒲公英 250 克,共同捣碎,开水冲调。马骡每日早晚各内服 1 次,服后用韭菜捣烂擦患部半小时。治荨麻疹顽痒。

方 6 柏树子 200 克,浮萍(焙干)100 克,牛蒡子 60 克,共研末开水冲调。马骡每日早晚各服1剂。另用艾叶适量煎汁,温洗患部,每日2～3次。治荨麻疹顽痒。

方7 枣树皮200克,防风50克,炒麦芽150克,研末,开水冲调。再用食盐泡水洗患部,马骡每日内服外洗早晚各1次。治荨麻疹日久不愈。

方8 白蒺藜75克,益母草子150克,薄荷50克,研末,开水冲调。马骡每日早晚各1次内服,并用苦参适量煎汁洗患部。治荨麻疹初起。

方9 白鲜皮100克,冬瓜皮300～500克,共捣碎开水冲调。马骡1次内服,并用鲜青蒿捣烂或干青蒿泡水擦患部。

方10 紫苏叶2份,芒硝1份。煎汁温洗患部,每日3～5次。

方11 莴笋叶3份,大青叶1份,煎汁。温洗患部,每日2～3次。治荨麻疹红肿。

方12 丝瓜叶、益母草各适量,煎汁。温洗患部,每日3次。治荨麻疹反复发生。

方13 热草木灰擦患部,每小时1次。

方14 鸡大腿(蓼草)、桃树叶各3份,食盐1份,煎汁适量。温水洗患部,洗后用艾叶捣烂擦患部,每日洗擦各3次。

方15 苦参31克,双花、白鲜皮各62克(鲜品加倍),加水煎汁,候温。大畜1次灌服。

方16 生麻黄22克,乌梅肉31克,生甘草47克。加水煎汁,候温。大畜1次灌服。

方17 金银花、甘草、连翘各50克,防风、荆芥各40克。加水煎汁。大畜1次灌服。

肌肉风湿

【症状】 分急性与慢性两种。急性者突然肌肉僵硬疼痛,敏感性增高。慢性者多由急性转来。肌肉弹性降低,萎缩或形成硬索,使役时易疲劳,全身症状轻微。病初个别病畜体温升高。四肢交替反复发生跛行,并随运动减轻或消失。

【治疗】 可选用以下处方:

方1 酒糟炒热或麦麸6千克,醋4.5升,混合炒至50℃左右,装入布袋或麻袋,敷于腰部,每日1次。治腰部风湿、腰僵直无力。

方2 用温醋湿透鬐甲后方到百会穴两侧肘头水平线以上的被毛,盖以1米见方的浸醋旧毡(小于湿毛部),另用浸透60度白酒(或70%酒精)的纱布两块,交替盖在旧毡上点燃,毡干浇醋,布干浸酒,直到颈部、耳根出汗为止,趁火未熄,盖以麻袋,用绳捆绑,牵至暖厩休息,防止感冒。治腰背风湿。

方3 鸽子粪40克,大葱125克,小茴香50克,共捣碎烂。大畜1次灌服。治颈部肌肉风湿。

方4 硫黄35克,生石灰50克,炒荞麦面100克,共研细末,并水调成泥状敷患部。治关节风湿或四肢风湿。

方5 红辣椒5份,胡椒1份,加水浓煎。温洗患部,每日1～2次。治慢性风湿、疼有定处、遇寒即疼。

方6 桑寄生用60度白酒浸透,纸包阴干,研末。大畜每次100～150克,羊猪每次20～30克,开水调服;同时再用豆腐渣炒热敷患部,用布包扎,每日1～2次。治家畜受湿引起肌肉疼痛,乏困懒动。

方7 老鹳草(太阳花)100克,桑枝200克,煎浓汁适量,加白酒150毫升调匀。牛1次内服;同时以陈艾叶醋炒研末,童便调敷疼痛处,1日1次。治牛四肢肌肉风湿不能行动。

方8　柳树芽(柳叶、嫩柳枝亦可,但未开花时的芽最好)晒干研末,牛马每次 120～150 克,猪羊 20～30 克,开水调服;同时用花椒 1 份、盐 2 份,共研细末,醋调敷患部,每日 1 次。治肌肉风湿初期疼痛发烧。

方9　柳树芽(晒干研末)20 克,嫩桑枝 40 克,防风 15克,共煎汁适量。猪羊 1 次混饲,人畜喂 5 倍量。

方10　鲜芝麻叶 60 克(或芝麻秸 100 克),秦艽 20 克,共煎汁适量。猪羊混饲料中饲喂,大畜喂此量的 5～6 倍。治风湿病头低腰直硬。

方11　豨莶草(豨莶、毛豨莶、粘苍子、粘糊草、黄花草)25 克,打碗花(旋花拉拉菀、鲜猪草、野牵牛)100 克,煎汁适量。羊猪 1 次混饲料中喂。治风湿串疼懒动,或疼痛不安。

方12　窝儿七(山荷叶)15 克,五加皮 20 克,韭菜根 250克,共煎汁适量。羊 1 次混饲料中喂,药渣捣泥敷疼痛部。治肌肉风湿初起的一肢跛行。

方13　老姜、葱子各适量,捣烂敷疼痛部,每日 2 次。治局部轻度风湿疼痛。

方14　椿树枝、柳树枝、桑树枝、榆树枝各适量,煎汤温洗患部。治肌肉风湿疼痛日久不愈,各肢轮流跛行。

方15　鲜苍耳草 250 克,伸筋草 500 克,煎汁一大盆,取1/3 给大畜灌服,余药温洗患部,每日 1 次。治四肢风湿跛行。

方16　凤仙透骨草、苍耳子、陈艾叶各适量,煎汁洗患部,每日 2～3 次。治颈部风湿强直。

方17　酒糟 10 份,小茴香、食盐各 2 份,醋 3 份,葱 1 份,共同炒热,用布包熨痛部,每次温包 2 小时,每日 3 次。治颈肌肉风湿,头颈伸直或侧歪,不能低头。

方 18 菟丝子、炒棉花子各 120 克,狗腿骨 50 克(焙焦存性),共研细末,开水冲调,加酒 150 毫升,童便 250 毫升。大畜 1 次内服。治四肢风湿疼痛跛行,遇寒则重。

方 19 茄根、艾条、桑枝条各 5 份,明矾 2 份,花椒 1 份,共同煎汁适量,温洗疼痛部;再用醋 2 份烧热加酒 1 份,浸湿棉花敷患部,各半小时 1 次,每日 3 次。治四肢风湿跛行疼痛日久转为慢性。

方 20 天山雪莲(干品)200 克。以常水 3 升,煎至 2 升,去渣。马 1 次灌服,羊每服 150 毫升。

方 21 生川乌、生草乌各 50 克,用稀泥包好放在灶内烧干,取出药物洗去泥土,加水 5 升在大火上煎熬至约 1.2 升。牛每次内服 30～40 毫升,每日 2～3 次。

方 22 艾 250 克,五加皮 200 克,酒 150 毫升。将药水煎去渣,取汁冲酒灌服。牛每日 1 剂,连服至愈。

方 23 砒石末 3 克,艾叶末 9 克。将马骡蹄甲削平,蹄心挖成凹心,将上药揉匀填入凹心,外用薄铁片盖之,再钉掌,半月换药 1 次,用 1～3 次。

方 24 马钱子(油制)10 克,研末分 3 次用开水冲调,候温灌服。1 日 1 次,3 日服完。同时取此药适量,用温开水调匀外擦。治马骡肌肉风湿。

创　　伤

【症　状】　新鲜创有创口裂开、出血、疼痛和机能障碍等症状。感染创有创伤被细菌感染而化脓,局部肿胀、增温、疼痛,创缘周围附有炎性渗出物或脓痂等症状,创内一般流出粘脓性的炎性物。

【治 疗】

1. 新鲜创的治疗　常规清创消毒后,中草药可选用下列处方:

(1)内服药　地榆炭 100 克,棕皮炭 75 克,黄芪 85 克,共研末,开水调至微温。大畜 1 次灌服。防治出血和增加抗病力。

(2)创面撒布剂

方 1　白及、黄柏、白芷、白鲜皮各等份,共为细末,撒布创口并包扎,2 日换药 1 次。

方 2　黄芩 3 份,白及 2 份,煅石膏 1 份,共研细末。

方 3　地榆炭、生蒲黄、白芷各等份,共研细末。

方 4　红粉 4 份,轻粉 5 份,炉甘石(煅)10 份,冰片 3 份,共研细末。

方 5　土贝母(即假贝母,别名黄要子、地苦胆)适量,焙干研末。

方 6　锅底灰、莲须(焙干研末)各等份,研混掺匀。

方 7　生半夏 20 克,土鳖虫 10 克,同放锅内文火炒干,加冰片 3 克,共研细末。

方 8　丝瓜叶或西瓜叶晒干,研末。

方 9　蛤蚌壳(烧灰存性)2 份,干藕节 4 份,煅石膏 3 份,共研细末。

方 10　阿胶(研末)、白糖各等份,混匀。

方 11　干净石灰面填入牛或猪胆囊中,混合阴干后研末。

方 12　石灰面 25 份炒至变色,加入大黄 3 份,同炒至起泡,候冷研细末。

方 13　炭灰(如鸭毛、桦树皮烧成炭灰)。

方 14　明矾、松香(或蒲公英)各等份,研细末。

方 15　松香、血余炭、棕榈炭按 3 比 2 比 2 的比例,混合研末。

方 16　陈石灰 2 份,大黄片 1 份,混合后炒至石灰呈粉红色为度,冷却后研粉。

方 17　百草霜 10 份,冰片 1 份,共研细面。

方 18　生大黄 20 份,冰片 1 份,各药单研细末后混合备用。

(3)创口涂敷药

方 1　枣树皮(焙焦存性)2 份,松香 1 份,共研细末,熟猪油 7 份,调成药膏。

方 2　龙骨、金樱子各 3 份,研末,葱白 15 份,白糖 10 份,共捣成膏。

方 3　枯矾 2 份,蒲公英 3 份,大黄 4 份,共同炒干研末,贴敷创口。

方 4　松香 3 份,煤油 17 份,混合溶解后涂于新鲜创口一薄层。

方 5　鲜小蓟 10 份,白矾 1 份,同捣烂外敷患部。

方 6　干姜末 1 份,葱白 3 份,蜂蜜 16 份,共捣烂调成膏,敷于创口及肿胀部。

方 7　月季花叶适量,捣烂敷患部。

方 8　霜南瓜叶晒干研末敷伤部,或南瓜叶煅焦研末敷伤部,盖上纱布并包扎。

方 9　生半夏适量,研细末敷伤处。

方 10　鲜旱莲草 100 克,洗净甩干水滴,捣烂取汁滴创口,或捣烂后敷患处。

2. 感染创的治疗

方 1　白鸡翮翎(即翅上大毛)适量,烧存性,研末,开水调温内服。羊猪 1～2 克,马牛 5～10 克;另取末适量,用净蜂蜜调涂创伤处。治肿痛化脓,亦治皮肤瘙痒、过敏等病。

方 2　鲜南瓜花 30～40 克,煎汁适量。羊猪 1 次内服;另用南瓜花 2 份,苍耳叶 1 份捣烂涂于创伤部,每日 1～2 次。治化脓肿疼发烧。

方 3　老松香、生大黄各适量,共研末撒布创腔,撒前先以葱、花椒各适量煎汁洗净脓液,撒后纱布包扎,每日换 1 次。

方 4　苍耳子 1 份,南瓜蒂 3 份,共同焙干研极细末。于创部洗净后撒布,每日 1～2 次。

方 5　茄叶 10 份,白及 7 份,嫩苎麻叶 15 份,共同焙干研末。撒布创口;或鸡蛋清调敷患部,每日换药 1 次。治化脓肿痛发烧。

方 6　卷柏 5 份,柳树花 7 份,槐花 3 份,食盐 1 份,放锅中微火焙干,共研细末。撒布创口或香油调敷患部,每日 1 次。治创伤未及时控制,发展成痈肿,胀痛溃烂流脓。

方 7　露蜂房 3 份,蓼草(鸡大腿)2 份,共同放锅中焙干研末。撒布创口或陈醋调敷患部。治痈疮肿毒。

方 8　三颗针皮适量,煎汁洗净创部脓污;用七叶一枝花、瓜蒌根等量研末,撒布创口,每日换药 1 次。

方 9　苍耳叶适量,煎汁洗净创部脓污;再用苍耳叶、蓖麻叶等量捣烂敷患部,每日换药 1～2 次。

方 10　大青叶、大蒜各适量,煎汁洗净脓污,再用油菜子末、鸡蛋清各适量调膏贴敷创伤部,每日换药 1～2 次。

方 11　1% 白矾水洗净脓污,再用新石灰面、鲜马齿苋各适量共捣成膏,贴敷患部,每日换药 1 次。

方 12　辣椒末、青盐末各适量,混匀。每日创腔用消毒水洗净后撒布 1 次。

方 13　苦豆子 100 克,水 2.5 升,煎汁过滤,洗净创口;再用活泥鳅约 500 克,放入约 800 克砂糖中,搅拌,使滑腻液渗入糖中,泥鳅死后拣出,用此糖糊涂布创口,每日 3～4 次。

方 14　鲜韭菜 4 份,鲜萝卜叶 9 份,蓖麻子仁 7 份,共捣烂成泥敷于创口,每日换药 2 次。治化脓创伤肿烂日久不愈。

方 15　大黄 2 份,生葱 3 份,绿豆面 4 份,鸡蛋清适量,捣调成糊,敷于肿疼部,每日 2～3 次。用好醋热开晾冷,洗净创伤部。

方 16　猪脂 10 份,炼油去渣,然后加入生姜(去皮切片) 5 份,武火炸 5 分钟左右,捞出姜片,再加入核桃仁 4 份,待核桃仁变色后捞出,将油趁热用 4 层干净纱布过滤到盛有炉甘石粉 2.5 份的白净瓷桶内,边滤边用竹棍搅拌,使油和炉甘石粉混匀,放冷。临用时涂布于创面。治新鲜创、化脓创、烫火伤等。

方 17　绵白糖 4 份,樟脑粉 2 份,大黄 1 份。共研成粉末混匀,装入棕色广口瓶内,用作撒布剂。治新鲜创、化脓创等。

脓　肿

【症　状】　初期患部触诊有坚实感,红、肿、热、痛比较明显,界限不清,以后逐渐局限化,进而从中央部开始软化,出现波动,穿刺检查有脓汁流出,渐渐皮肤变薄,患部被毛焦乱或脱落,最后自行破溃。

【治　疗】　可选用下列处方:

方 1　苍耳子全草、紫花地丁各等量,煎汁去渣滤过,再以文武火熬成膏。猪羊每次 1～2 茶匙,大畜 10～15 茶匙,混饲料中吃下;并适量外敷患部,每日 1～2 次。治脓肿初期肿硬疼痛,局部皮温增高。

方 2　金银花 150 克，当归 65 克，蒲公英、玄参各 35 克，煎汁适量。大畜 1 日内分 2 次服完，每日 1 剂。治脓肿初期硬而无脓。

方 3　胡麻子适量，捣泥外敷患部；同时用紫花地丁 150 克，白菊花 100 克，煎汁适量，大畜 1 次内服。内外用药均每日 1 次。治脓肿初期肿热疼痛不安。

方 4　鲜马齿苋、鲜蒲公英各等量，捣烂贴于患部。治脓肿初期硬热疼痛。

方 5　蓖麻子仁 3 份，苦杏仁 5 份，松香 20 份，共捣碎烂，加菜油 50 份熬成糊状，候凉。涂于患部，1 日 2 次。治小疖肿初期坚硬疼痛。

方 6　葱白 3 份，白凤仙花 1 份，捣烂。敷患部，每日 1～3 次，局部红热显著时，加鸡蛋清适量。治疖肿坚硬尚未成脓。

方 7　鲜柏树叶、大黄末、芒硝各等量，共同捣烂，加鸡蛋清适量调膏。贴患部，每日 1～2 次。治脓肿硬疼尚未成脓。

方 8　蒲公英 2 份，瓜蒌根 3 份，甘草 1 份，煎汁适量，每日内服 1 剂。羊猪 1 剂为 20 克，马牛 1 剂为 100～120 克。药渣加醋捣烂外敷。治脓肿初起肿疼。

方 9　活地龙、红糖各等量，共捣如泥。敷患部，每日换药 2 次。治肿疖初起。

方 10　黄柏、大黄、生石膏各等份，共研细末，用水豆腐拌成稀糊状，敷患部。治肿疖硬疼发热无脓。

方 11　鲜野菊花或叶 2 份，马铃薯(去皮)3 份，鲜生姜 1 份，共捣如泥。敷患部，每日换药 1～2 次。治疖肿坚硬疼痛。

方 12　蜂房 10 份，白蔹 7 份，苍耳子 5 份，共同焙干，加冰片 2 份，共研细末。蜂蜜调敷患部，中留排液孔，每日换药 1～2 次，敷药前先用 1% 盐开水晾冷洗净脓污。治脓肿已溃，去腐生新,促使收敛。

方13　鲜垂柳叶2份,大蒜1份,南瓜蒂(焙干研末)3份,共同捣烂,用熟猪油调膏。涂患部,留出排液孔,每日换药1~2次,涂药前先用花椒适量煎汁洗净脓污。治脓肿已溃,局部热痒,患畜瘙痒磨擦不安。

方14　白矾5份,雄黄3份,诃子(焙干)2份,蟾酥1份,共研细末,醋调成膏,敷患部,留出排液孔,每日换药1~2次,换药前用花椒适量煎汁洗净脓污。治脓肿已溃,久不收敛。

方15　白及、白芷、紫花地丁、鳖甲各等份,焙干研末,香油调敷患部,每日换药2次,换药前先用花椒适量煎汁洗净患部。治疗肿成脓未溃或已溃。

方16　鲜嫩丝瓜适量,捣烂敷未溃脓肿,每日2次,脓肿溃后不敛时,捣烂拧汁频涂疮腔。

蜂窝织炎(多头疽)

【症　状】　患畜发烧,患部大面积肿胀,发热疼痛,并可蔓延扩大,肿胀部变坚实,皮肤紧张,无移动性,食欲不振,呼吸、脉搏加快,如治疗不及时,易化脓溃破或形成局部脓肿,严重恶化者易引起败血症。

【治　疗】　中西医结合治疗。中草药可选用下列处方:

方1　小麦、赤小豆各等量,焙干研末,醋调成糊敷患部,干时即更换。如患部红热明显则用鸡蛋清、蜂蜜各适量调敷,治愈为度。用于多头疽未溃时。

方2　鲜红薯叶、大葱、白糖各适量,捣烂,贴敷患部,每3~4小时换1次,治愈为度。如发红蔓延显著时,则上药用鸡蛋清、蜂蜜各适量调涂。用于蜂窝织炎初期肿疼时。

方3　鲜狼毒2份,苍耳全草1份,熬膏外敷患部,脓出久不敛口者可涂入疮腔。

方 4　土茯苓 35 克，蒺藜 10 克，蝉蜕 15 克，全蝎 5 克，煎汁适量。羊猪 1 次混饲，每日 1～2 剂，大畜用 3 倍量。患部用栀子(研末)5 份、碱面 1 份、盐 2 份、鸡蛋清适量调敷，每日换 2 次，敷药前用醋洗净患部。治蜂窝织炎初期肿疼发热。

方 5　苍耳叶、柳树叶、大葱各适量煎汁洗净患部，再用棉籽仁 2 份、蜂房(焙干研末)3 份、枯矾 1 份，共捣烂掺匀，熟猪油适量调膏涂敷患部，纱布包扎，每日 1～2 次，治愈为度。用于蜂窝织炎已经溃烂。

方 6　金银花 75 克，土茯苓 120 克，桑白皮 60 克，甘草 45 克，煎汁，大畜 1 次灌服；再用活泥鳅、红糖各适量，搅拌至泥鳅死，共捣成糊状敷于患部，内服、外敷每日各 1～2 次，连用 5 日。治蜂窝织炎未溃或已溃。

方 7　鲜柏树叶适量煎汁，洗净脓污；再用蛇蜕(焙干研末)3 份，百草霜 1 份，菜油调涂患部。治蜂窝织炎破溃脓水不干。

方 8　鲜茄子蒂 400 克，何首乌 300 克，煎汁适量。大畜 1 次灌服；再用茄子蒂焙干研末醋调，敷于患部。治多头疽未溃或已溃。

方 9　桃树嫩叶、鲜马齿苋各适量，蜣螂(焙干研末)适量，共同捣烂。敷于患部。治蜂窝织炎肿疼硬热。

方 10　鲜红薯叶、鲜金樱子叶、青烟叶各适量捣碎敷患部，并用马齿苋 500 克煎汁，大畜 1 次内服。治蜂窝织炎肿疼。

方 11　白胡椒适量，研极细末，患部肿硬初起时以蜂蜜调涂，1 日 1 换；已溃即用干末撒入，1 日 2～3 次；再用银花 150 克，当归、玄参、蒲公英各 50 克，生黄芪 60 克，煎汁适量，大畜 1 次内服。

方 12 龙葵叶、葱白、荞麦面(炒黄)各适量,加适量冷开水捣为泥。敷于患部,每日换药1~2次,敷药前用白矾、黄芩各适量,煎汁洗净患部。治多头疽肿疼发热。

方 13 蓖麻子150克,蒲公英100克,煎汁适量。大畜1次内服;再用鲜蓖麻叶2份,葱白1份,蜂蜜适量,捣膏涂患部,每日内服外涂各1~2次。治蜂窝织炎漫肿无边。

方 14 雄黄2份,黄柏20份,冰片1份,共为末,用醋或酒精调敷患部。

鞍　　伤

【症　状】 轻者表皮脱落,有微黄色透明的渗出液。重者脊背红、肿、热、痛,触之敏感,有的皮肤表面无明显创伤,但皮下已经感染化脓,抗拒装鞍,有的溃破、流脓,如果治疗不及时或不当,易形成鬐甲部蜂窝织炎或鬐甲瘘。

【治　疗】 最好中西医结合治疗。中草药治疗可选用下列处方:

方 1 荆芥、防风、薄荷、花椒、葱须、艾叶各等份,煎汁候温,洗患部;洗后用鸡蛋清、枯矾末各适量调膏,敷于肿胀部,每日2~3次。治鞍伤肿胀。

方 2 花椒3份,葱白5份,煎汁,候温,洗拭患部;洗净后再用新鲜石灰面1份,马铃薯(切碎)2份,醋适量,捣泥敷于患部,每日2次。治鞍伤肿疼,局部皮肤破损。

方 3 鲜柳树叶、葱叶各适量,煎汁,候温,洗患部;然后用鲜马齿苋2份,石灰面1份,捣泥贴于伤部,纱布包扎,每日1次,待坏死组织脱尽后,则贴药换为枯矾、煅龙骨各等份,研细末撒布创面。治鞍伤坏死。

方 4 蒜瓣、葱须、艾叶、花椒(焙)各3份,白矾2份,研为细末,醋调敷于患部,每日洗后敷 1～2 次。治鞍伤初期肿疼或皮破。

方 5 向日葵鲜花 100～200 克,煎汁适量,加白酒适量,大畜 1 次内服;再用赤小豆 1 份,鲜柳树叶 5 份,白矾 2 份,捣泥敷患部,每日洗、敷各 1～2 次。治鞍伤流水。

方 6 椿树叶煎汁,温洗患部;再用粘土 100 份,食盐 3 份,水、醋各适量,捣糊涂于患部,每日洗、涂各 2 次。治鞍伤肿热。

方 7 大黄末 3 份,石灰 1 份,水调成糊敷于创面厚 0.5 厘米左右,新鲜创面和肉芽创面隔 2～3 天换药 1 次,严重化脓创面隔 1～2 天换药 1 次。

方 8 猪苦胆数个,装入适量石灰与胆汁混合,阴干后研末。撒布创面或瘘管,每日 1～2 次。治鞍伤化脓或形成瘘管。

方 9 温饱和盐水浸湿毛巾揉摩肿胀部 1 小时许;再用鸡蛋清涂一厚层。治鞍伤肿疼初期。

方 10 马勃粉适量,先用温盐水洗净伤口再撒布患处。治鲜鞍伤渗出血水。

方 11 鲜龙葵枝叶 250 克煎汁适量,候温,洗拭创伤 20 分钟;再用蜂房(焙干)10 份,白矾 8 份,马勃(焙干去皮)5 份,雄黄 2 份,冰片 1 份,共研细末,蜂蜜调敷患部,每日洗、敷各 1 次。治鞍伤肿烂流血脓或成瘘。

方 12 荞麦面 8 份,白矾(研末)10 份,浓茶调敷患部,发热显著时加大黄末、栀子末各 1 份。治鞍伤发炎肿胀。

方 13 马鬃毛烧灰用豆油调敷患部。治鞍伤渗出血水。

方 14 棉花蘸酒或酒精敷于肿胀部。治鞍伤初期肿胀。

方 15 委陵菜(箆儿草)300～400 克,煎汁适量,一半给大畜内服,一半温洗患部;再用槐花焙干研末,蜂蜜调敷患部,每日 1 次。治鞍伤肿胀破烂流血水,患部发热。

方 16　鲜马齿苋 2 份捣泥,与陈石灰 1 份混合,摊于白布上,覆盖于患部,药布边缘用浆糊严密贴于皮肤上。待 1 夜后去掉药布,坏死组织常可随药布一起拔脱,如 1 次腐肉未尽,可再贴 1 次。

方 17　瓦松 5 份,蔗糖(红糖)2 份,共捣成泥状,贴敷于鞍伤患部。

方 18　食盐 2 份,粘土(红胶土)5 份。共研细末混匀,开水浸泡呈泥浆,候温涂抹患部。

方 19　大黄 250 克,加水两碗,煮 10 余沸,再掺入石灰面 500 克,搅匀炒干,去大黄,研成细粉,过筛。患部清创后撒布,每日 1 次,连用 3～5 次。

方 20　侧柏叶或香樟叶微火炒干,研成细粉敷于患处。

方 21　辣椒面薄薄地敷在伤口上。3 天换药 1 次,一般换药 2 次可痊愈。

方 22　松叶、侧柏叶、棕树叶各等份,各炒焦成炭,再加冰片少量,共为细末,撒布患处。

方 23　龟板(醋炙)研细末,撒布患处。

瘘　　管

【症　状】　特征是体表出现管口,并不断排出分泌物,管口下方皮肤及被毛上常附有大量分泌物,甚至因此引起皮肤炎。化脓性瘘管管口凹陷,通道狭窄,瘘管管壁光滑、坚硬,不断从管口流出脓液。

【治　疗】　除去坏死组织与异物,通畅排液,控制感染,增强机体抵抗力。中草药治疗,可选择试用下列处方:

方 1　用棉球蘸砒石粉塞入瘘管。

方 2 白鲜皮粉适量,填塞瘘管腔。

方 3 雄黄 2 份,枯矾 1 份,共研细末,填塞瘘管腔;或枯矾 2 份,樟丹 1 份,研末填塞亦可。

方 4 以锐匙搔刮破坏瘘管壁,渗出鲜血后随即注入鸡血(或鸡血糖浆),每日 1 次。

方 5 用 0.2% 高锰酸钾液洗涤瘘管,棉花揩干,撒入卤碱粉适量,每日 1 次,连治 5 日。

方 6 紫皮蒜汁 2 毫升,鱼肝油 98 毫升,普鲁卡因液数滴,混合均匀,以纱布条蘸药填入瘘管,每日 1 次,连治 3 日。

方 7 紫皮蒜汁 1 份,加蓖麻油 9 份,纱布条蘸汁填入瘘管,1～2 日更换 1 次。

方 8 癞蛤蟆 1 个,由口腔填入肚内白砒 6 克,蘸泥包裹放炭火上焙干,去泥,将癞蛤蟆研末,填塞瘘管。

方 9 苦苦菜 4 份,芒硝 1 份,煎汁冲洗瘘管;再用蒜薹(焙干)10 份,冰片 1 份,共研细末,填入瘘管适量,每日 1 次,连用 8 日。

方 10 芒硝 1 份,连须葱白 2 份,马齿苋 3 份,煎汁适量冲洗瘘管;再用黄蜡适量熔化,加入等量枯矾末,和成药条填入瘘管,待管化脓流出后,将药条换为一般消炎生肌药膏,填入瘘管,每日 1 次。

方 11 花椒、艾叶、蒜辫子、嫩槐枝各等份,煎汁冲洗瘘管;再用皮硝(芒硝、朴硝)4 份,轻粉 2 份,朱砂 1 份,分别研末,混合后填入瘘管,每日更换 1 次。

方 12 松针 4 份,苏叶 3 份,蒺藜秧 6 份,煎汁冲洗瘘管,再用红粉 9 份,轻粉 6 份,朱砂 3 份,冰片 1 份,枯矾 8 份,共研细末,用湿纱布条蘸药末适量填入瘘管,每日换药 1 次。治厚壁瘘管。

方 13　屎壳螂 2 份,生姜 1 份,马齿苋 10 份,煎汁适量冲洗瘘管,再用煮熟的鸡蛋黄多个,炒炼出油,加入油量 1/10 的冰片末,混匀后滴入瘘管,或用纱布条蘸此油填入亦可,每日换药 1～2 次。治薄壁瘘管。

方 14　密陀僧、石决明、铜绿及樟丹各等份,研为细末,填塞或注入瘘管中。

方 15　巴豆仁、碱面各 20 克,雄黄 4 克,捣和后捻成小条状,塞入瘘管中,24 小时后,由于瘘管周围组织坏死,用镊子常可将瘘管壁全部拔出。

方 16　生石灰 500 克,研成细粉过筛,加入红糖 250 克拌匀。填入瘘管,5 天换药 1 次。

方 17　生地黄 10 克,包入砒石 3 克,放火内煨成焦炭样,取出研末后用小纱布条卷入炭末填塞瘘管内,3 天换药 1 次。

方 18　陈鸡油 100 克(将鸡油装入玻璃瓶中加盖,置室外日晒夜露,至全部液化即成,3 年以上者为佳品)滴入瘘管中,连用几次。

方 19　麻雀粪适量,洗净脓汁后塞入瘘管内,3 天 1 次,共用 3 次。

方 20　大枣 1 个去核后塞入砒石适量,放火炭内煨成焦黑色,取出研细,用少许做成药捻,塞入瘘管内。

方 21　牛皮胶(或阿胶)50～100 克,研成细末,按常规清洗瘘管后放入瘘管,塞满为止,用胶布封严,2 天后取掉胶布。

方 22　壁虎(干品或鲜品)若干条,用镊子夹取壁虎尾先将尾尖放入瘘管内,慢慢向里推送,直到填满管腔为止,一条不够可用多条,经 7～14 天无效者可再次用药。

方 23　活毒蛇 1 条(长约 1 米),苏子油 1 升,同装入玻璃瓶中,密封瓶口,埋入马粪中数月,使蛇溶化于油中即可。用时将蛇油滴入瘘管中。

方 24　鲜辣椒捣烂取汁,用以洗净管内积脓,再用蜂蜜填满瘘管,外包纱布保护,连用 2～3 次。

方 25　火硝 8 份,明矾 8 份,水银 10 份,冰片 2 份。先将明矾、火硝研末充分混合,放入新铁锅内,药面上捅出几十个小洞(不要接触到锅底),然后把水银放进孔洞。锅上用瓷碗盖住,周围用浸湿的细布条塞紧,再用盐水和泥密封碗口,放在文火上加热,半小时后,再用中火烧 1 小时。炼药时在碗底上放一块棉花,并用铁片压住,加热火候以见棉花发黄为止。待冷却后,刮取碗内红药,与冰片共研为末。治疗时,洗净疮面,将小豆粒大小的炼制药粉撒在疮内,隔日 1 次,一般 3 次即可治愈。

火 器 伤

【症　状】　枪弹伤由于枪弹外形规整,与组织的接触点小而穿透力大,多呈贯通创;其入口较出口小。弹片伤由于弹片大小不等,外形不规则,对组织损伤严重,容易感染,穿透力小,多形成盲管伤。

【治　疗】　因病情急剧,应中西结合治疗。经常规外科处理后,中草药治疗可选用下列处方:

方 1　蓖麻子仁捣烂贴伤处一昼夜,弹片可随揭药拔出,然后再用蓖麻子叶捣烂敷伤口上,中留小孔,可去臭生肌。

方 2　屎壳螂(焙干)、高良姜各适量,共研末敷患部。

方 3　屎壳螂 4 只,蝼蛄 7 只,蓖麻仁 30 克,益母草 60 克,松子油 30 毫升,共同捣烂,麻油调敷患部。

方 4　没药、白蜡各等份,先用净布条在伤口中摩擦出血,将两药熔合成蜡捻子,插入伤口至底部,如是穿透伤,则药捻子两端都要露出。治火器伤变黑。

方5 银花5份,连翘3份,黄芩2份,甘草1份,煎汁适量,候温冲洗创面。防治火器伤感染。

方6 大黄5份,地榆4份,黄连3份,冰片1份,共研细末,麻油调敷患部。初期防治感染。

方7 杨树叶、槐叶、柳叶各等份,加水浓煎去渣,再慢火熬成膏,涂患部。防治感染化脓。

方8 荞麦面2份,石灰面1份,土豆(去皮切碎)5份,加冷开水捣成糊,涂于创部,每日1次。涂药前先用紫花地丁、蒲公英各适量煎汁洗净患部。治火器伤感染化脓,腐肉不脱。

方9 鲜苍耳全草、鲜紫花地丁、鲜菊花叶各等量,水煎去渣,再以文武火熬成膏。大畜每次内服100克,另取适量涂敷受伤部。每日1～3次。治火器伤肿烂热疼。

方10 鲜长虫草(即蓍草全草)300～400克,煎汁适量。大畜内服一半,另一半冲洗伤部;再用阿胶(研末)1份,红糖2份,混合填入创腔。治火器伤腐肉已脱,迟不愈合。

方11 狼毒100克,加水2升,煎汁500～700毫升,候温冲洗创腔,洗净擦干后,用精制樟脑3份,白糖4份,大黄末1份共研细末,填入创腔。治感染创脓稀恶臭,色污灰,伤口不敛。

烧　　伤

【症　状】 烧伤包括由于高温或化学物质作用于畜体而造成的损伤,分为三度:Ⅰ度烧伤:被毛烧焦,表皮损伤,局部充血肿胀,疼痛轻微;Ⅱ度烧伤:表皮层或真皮层的部分或大部分被损伤,患部皮肤形成焦痂,有的部位可出现裂口,局部肿胀,疼痛明显;Ⅲ度烧伤:皮肤全层破裂,甚至损伤到皮下或更深层组织,皮肤形成焦痂,焦痂部无热无痛,伤部周围有明显带痛性水肿。

全身变化决定于烧伤的面积、深度、部位和机体的健康情况。一般小面积Ⅰ,Ⅱ度烧伤,无明显的全身变化。面积较大的重度烧伤常因剧烈疼痛使病畜出现休克,或由于肾脏机能障碍而出现少尿、无尿或血尿。严重者甚至出现酸中毒和败血症。

【治　疗】　最好中西医结合治疗。在中草药方面,现提供下列处方,供选择试用。

方1　绿豆0.5～1.0千克,甘草120～250克,煎汤,大畜内服,再用鸡蛋清适量,加冰片末少许调敷患部,每日2次。用于Ⅰ,Ⅱ度烧伤。

方2　蜂蜡30克,豆油270毫升,熬膏外敷。每日1～3次。用于Ⅰ度烧伤。

方3　老榆树皮烧炭存性研末,有渗出液或化脓时,撒布创面;无渗出液时,用香油调糊敷患部。治Ⅰ度烧伤。

方4　大黄20份,地榆15份,紫草5份,冰片2份,共研末,香油烧开后调成稀膏,每日涂患部2～3次。治Ⅱ度烧伤。

方5　青黛30克,滑石35克,冰片3克,共研细末,清创后用香油调敷患处。每日2～3次。治烧伤糜烂或化脓。

方6　米醋擦洗患处,可止痛不起泡;然后用洗衣肥皂与开水磨汁,冷涂患部,1日数次。治轻度温热性烧烫伤。

方7　活冬瓜茎或活南瓜茎切断,收集液汁涂患部。1日数次。治Ⅱ度温热性烫伤。

方8　紫草膏:紫草、当归、白芷、忍冬藤各30克,植物油500克,油加热至130℃左右放入上药,继续加热至150℃半小时,至白芷呈黄色时用纱布过滤去渣,加入白蜡 21 克熔化,候温,加入冰片末调成膏。用于清理过的烧伤面涂敷。

方 9 丝瓜络烧灰存性,香油调敷患部,每日 1～3 次。治轻度温热性烧烫伤。

方 10 南瓜捣烂敷患部,1 日数次。治轻度烧烫伤。

方 11 生石灰块加 3 倍量的净水搅溶,去上层白浮灰,用中间澄清液,徐徐注入等量的植物油中,加鸡蛋清适量调匀,时时涂敷患部。治温热性Ⅱ度烧烫伤。

方 12 白及 3 份,黄柏 4 份,细辛 1 份,共研细末,再用蜂蜡、香油各适量加热混合,和药末调膏,每日涂于患部 2～3 次。治烧伤面热疼溃烂。

方 13 苍耳子(焙黄)10 份,槐角(烧炭存性)5 份,冰片 1 份,共研细末,香油调涂伤面,每日 2～3 次。治Ⅲ度烧伤面化脓。

方 14 松针、柏树叶各适量,捣汁加等量香油,调敷患部。治烧烫伤起泡破溃。

方 15 冬桑叶、桑树皮各适量焙干研末,香油调涂患部,每日 2 次。治烧伤渗出。

方 16 鲜地骨皮焙黄研末,香油调涂患部,每日 1～2 次,连用 7 日。治烧烫伤疼痛或破皮流水。

方 17 松树皮焙焦研末,鸡蛋清调涂患部,每日 2 次。治烧烫伤起泡溃烂。

方 18 酸枣树根适量切碎,水煎成膏,每日 2 次涂患部;或烧炭存性研末,香油调涂患部。治烧烫伤流血水疼痛。

方 19 黑猪蹄壳、猪毛各适量(烧炭存性),共研细末,香油调涂患部,每日数次。治烧伤发热疼痛或溃烂。

方 20 用清油炸蟾蜍数只至焦黄离火,捡去蟾蜍,用油冷涂患部,每日 2～3 次。治烧伤肿疼或破溃久不愈合。

方 21　活蝎子 35～40 个浸泡入 500 毫升香油中,12 小时后开始用此油涂敷伤面,有水泡者将泡剪破再涂,1 日 3 次。可促使止疼结痂,治烧伤破烂或有水泡。

方 22　将鸡骨在火上煅至内外通白,研末,香油调敷患部,1 日 2～3 次。防治烧伤化脓或溃烂,使创口结痂快,少生疤痕。

方 23　松花粉、鸭毛炒焦存性研末,用糯米汤调敷患部。治烧烫伤肿疼。

方 24　瓜蒌根 30 份,蚌壳 20 份,冰片 3 份,共研末,熟猪油调涂患部。治烫伤肿烂。

方 25　生百合捣烂敷患部。治烫伤红肿。

方 26　泡过的各种茶叶,煎浓汁涂患部。治烫伤起泡流水。

方 27　荷叶烧炭存性研末,用香油调涂患部数次。防治烫伤渗出和溃烂。

方 28　鲜柳叶、鲜杨树皮焙干研末,香油调敷患部,连用多次。治烧烫伤。

方 29　蜂窝数个,内装芝麻适量,焙黄共研细末,香油调涂患部。治烫伤溃烂化脓。局部热重时用蜂蜜调涂。

方 30　麻黄研末,取熟鸡蛋黄适量炒出油,调涂患部。治烫伤破皮疼痛。

方 31　臭椿树皮烧炭存性研末,用香油调敷患部。治大面积烧伤肿疼或破皮。

方 32　大草鱼胆汁用麻油调敷患部,1 日数次。

方 33　活地龙放凉开水中洗净后放入白糖中化成汁,取汁敷患部,1 日数次。治烧伤发热肿疼和溃烂。

方 34　陈石灰 1.5 千克,冰片 60 克,共研细末过筛后,再用鲜地龙 30 条捣拌,加入菜油 500 毫升调匀,涂敷患部,每日 1 次,连用 2～3 次。

方 35　地榆 6 份炒焦至黑色时与黄连 4 份共为细末,加入冰片 1 份,调入猪胆汁 16 份内,装瓶备用。用时用鸡毛涂药擦患部,每隔 2 小时 1 次,3～4 日可治愈。

方 36　黄柏、地榆、紫草各 20 克,共为细末,过罗,狗油 200 克放锅内熔化后加入药粉,充分搅拌,候温密闭保存备用。清理烧伤面后涂患处,每日 1 次。

方 37　用生石灰 500 克加水 2 升浸泡、搅拌、澄清后,取中间清水,以 2 份清水加入大黄末、香油各 1 份调成稀糊状,涂患处。

方 38　黄连、黄芩、黄柏各 3 份,冰片 1 份,共为细末,加菜油调成糊状,外敷患部。

方 39　轻粉 1 份,寒水石、白矾各 2 份,共研细面拌匀,以凡士林混合成膏,涂抹患处。

方 40　白蜡树嫩枝叶 25 份烘干,与冰片 1 份混合研成粉末过筛。在患部涂上菜油后,撒布药粉,日撒 2 次。过 2～3 日用浓茶将药粉层发透洗脱,再以上法撒上药粉,1 周即愈。

方 41　榆白皮研细末,过罗,再用酒精浸泡(酒精量超出药面 2～3 厘米)24 小时,滤过。滤液喷洒创面,日喷 2 次,7 日痊愈。如伤面已结痂,可用下列处方:焦地榆 10 克,焦黄柏 6 克,黄连炭 3 克,冰片少许,共为细末,过罗,香油调之,涂于创面。

方 42　小蓟花用砂锅炒至炭化,研为细末,撒布创面。创面结痂难以脱落时,用熟菜油调上述药粉成膏,以鸡毛蘸药膏涂抹,帮助脱痂。

方 43　地榆炭、大黄、白蔹各等份,冰片少许,共为细末,香油调为糊状,涂于患处。

方 44　黄柏皮、榆白皮各 200 克,用 75％酒精 500 毫升浸泡 48 小时,去渣以药液喷洒创面。每日 1～3 次,连用 3～5日。

方 45　糯米 30 克烧至炭化,研末过细筛;熟鸡蛋黄 5个,置锅内加温加压,取出"蛋黄油"。两者混合成油膏。创面有水泡时针刺破后单用糯米粉撒布;伤面结痂干燥的用油膏涂敷。每日 1～2 次,直到痊愈。

方 46　地榆炭 5 份,冰片 1 份,研细面,用香油 10 份调成糊状,涂于患处。

方 47　桃树皮(砸碎)8 份,大黄(研细)3 份,混合后加滚开水 10 份调匀。每日擦患处 2 次,连用 2 日。

关节扭挫

【症　状】　轻度关节扭挫,出现轻度支跛,呈后方短步。站立时,患肢屈曲,蹄尖着地负重,局部热痛肿胀。重度关节扭挫,站立时以蹄尖接地,不能负重,患部热痛更显著;运动时出现中度或重度跛行,被动运动,疼痛反应很明显。

【治　疗】　如皮肤损伤,首先包扎压迫绷带止血。在伤后1～2 天内施行冷敷。急性炎症缓和后,患部施行温敷,同时应用镇痛消炎药物。中草药治疗可选用下列处方:

方 1　醋 10 份,白矾 1 份,水适量,混合。冷敷患部,1 日数次,每次 15 分钟。治关节扭挫伤初期急性炎症。

方 2　浓盐水伤部冷敷 10～15 分钟,1 日 3 次。治关节扭伤急性炎症期。

方 3　大蒜、黄泥各等量,加酒捣成稀糊。敷患部,用绷带固定,每日 1 次。

方 4　韭菜捣泥敷患部,每日 1 次。

方 5　鲜松针或侧柏叶 120 克,小青蛙 3～5 只,共捣烂加白酒 65 毫升,放砂锅内隔水炖熟。涂敷患部,1 日 1 次,连用 5 日。

方 6　生姜、葱白各 6 份,醋 75 份,同煎去渣,加入绿豆粉 25 份调糊,贴患部用纱布包扎。治初期关节扭伤。

方 7　患部用布包裹,以醋浇湿,再用烙铁在湿布上烧烙,边烧烙边浇醋,1 次烙数分钟。治关节扭挫伤日久不愈。

方 8　红花 35 克,茜草根 40 克,土鳖虫 15 克,煎汁适量,加酒 40 毫升。大畜 1 次内服。治关节扭挫日久,肿胀疼痛。

方 9　栀子(酒炒研末)3 份,大葱(捣泥)1 份,面粉适量,水调成糊敷患部。

方 10　马齿苋、食盐、鸡蛋清各适量,捣烂成糊,敷患部。

方 11　青嫩松球 20 个,秦艽 50 克,辣蓼(斑焦草、红辣蓼)150 克,共同切细捣烂,煎汁适量。大畜每日 1 次灌服,药渣醋炒熨患部,每次熨 20 分钟。治疗关节扭挫疼痛日久。

方 12　生卷柏 40 克,土鳖虫 20 克,松香 35 克,共研细末,开水冲调。大畜 1 日 1 剂,连服 10 日。治关节挫伤日久。

方 13　萹蓄 90 克,鲜凤仙花 100 克,泽兰 95 克,共切碎捣烂用开水冲调,加酒 60 毫升。大畜 1 次内服。

方 14　旋覆花根 3 份,鲜车前草 2 份,鲜骨碎补(华槲蕨)1 份,共捣泥加酒适量。贴患部,每日 2 次。

方 15　松叶尾尖 5 份,凤仙花叶 3 份,茜草 1 份,加酒适量,捣泥。敷患部,每日 1～2 次。

方 16　酸浆实(挂金灯)2 份,凤仙透骨草 1 份,蜂蜜适量,共捣泥。敷患部,每日 1 次。治关节扭伤瘀血疼痛。

方 17　生葱头 1 份,蓖麻子 2 份,共捣泥。敷患部,每日早晚各 1 次,敷药前先用生姜适量煎汁,候温,洗净患部。治关节挫伤日久,局部坚硬疼痛,活动不灵。

方 18　豆腐 10 份,鲜月季花叶 5 份(干的 2 份),食盐 2 份,黄砂糖 3 份,共捣成膏。敷患部,每日 1 次。治关节挫伤红肿扭疼。

方 19　黄土 16 份,食盐 1 份,醋 4 份,净凉水适量,捣泥。涂患部。治球关节扭伤肿疼。

方 20　栀子 3 份研末,用 75% 酒精浸泡 3～4 小时,加温至 40～60℃,滤出酒精装瓶再用,加大葱(切碎)1 份,面粉适量,调成泥状。涂于患部一厚层,塑料布包严,3 日换药 1 次。治挫伤肿疼局部增温。

方 21　酒糟 10 份,食盐 1 份,混合晒干研末,童便调敷患部,每日 1 次。治球节或别处筋骨扭挫,慢性疼痛。

方 22　干辣蓼适量研末,童便调敷肿疼部,干即换。治关节扭挫伤肿疼,局部增温。

方 23　癞蛤蟆、生石灰各适量,共同捣烂后晒干研末,童便调敷患部,每日换药 1 次,绷带包扎。治关节扭挫伤日久,发生软肿(浆液性关节炎)。

方 24　人尿溶解生石灰后取澄清液烧开,趁温洗患部,每次 20 分钟,每日 2 次,洗后用绷带扎紧。治关节软肿。

方 25　鸽子粪淋醋拌炒至醋味渗透变干研末,用白酒调膏敷患部,每日 2 次,敷药后绷带包扎。治关节软肿日久。

方 26　燕窝泥带粪研末,用醋调膏敷患部,外用绷带包扎,每日早晚各 1 次。治初期关节软肿。

方 27　鲜童便 500 毫升,加热,放入白糖 200 克。大畜 1 次内服,中小畜酌减。

方 28　辣蓼、生姜、葱头各适量,加酒捣烂敷擦患部。

骨　折

【症　状】　骨折发生后剧烈疼痛,肌肉颤抖、出汗,局部变形,病畜患肢悬垂站立,运动以三肢跳跃。在完全骨折时,骨折两断端常重叠、分离、旋转、形成角度或向侧方移位,可出现异常活动和摩擦音。局部肿胀明显。开放性骨折,除上述变化外,还可见皮肤创伤、出血及突出的骨茬。

【治　疗】　按常规整复、固定,配合镇疼、消炎、止血和促使机能恢复。中草药治疗,可选用下列处方:

方 1　红花 65 克,黄瓜子 160 克,煅自然铜 30 克,共研末,开水冲调,候温。大畜 1 次灌服,前 3 日每日 1 次,以后隔日 1 次。镇疼加元胡,前肢加桂枝,后肢加牛膝,妊娠母畜加川断,开放性骨折加龙骨和牡蛎。

方 2　黄蜡 30 克,熔化摊于布上,垫上油纸,再将研成细末的没药 15 克、乳香 15 克、血竭 9 克,均匀撒上,趁黄蜡未凝固时贴在患部,外用一层绷带扎紧。

方 3　白及 4 份,乳香、没药各 1 份,共研细末,用热醋调成糊状,趁热涂骨折部,包括每端皮肤各 5～7 厘米处,外用绷带包扎,以后每日浇温醋 3～4 次。

方 4　骨碎补(研末)60 克,生螃蟹 250 克,共捣碎烂,加黄酒 150 毫升,开水冲调,大畜 1 次内服。同时用水辣蓼全草、白凤仙花全草各适量,加熟猪油捣膏敷患部。每日内服、外敷各 1 次。

方 5　蜗牛(焙黄)120 克,螃蟹壳(焙黄)150 克,补骨脂60 克,共捣碎烂,开水冲调,加酒 100 毫升。大畜 1 次内服。治新鲜骨折。

方 6　煅自然铜 45 克,土鳖虫 35 克,续断 65 克,共研细末,开水冲调,加酒 100 毫升。大畜 1 次内服,同时用牡蛎粉与糯米粉调敷伤处,小夹板固定。治新鲜骨折淤血肿疼。

方 7　生牛骨烧灰 150 克,血竭 40 克,冰片 5 克,韭菜子100 克,共研细末,开水冲调,候温,加 7 个鸡蛋(用蛋清),黄酒 100 毫升。大畜 1 次内服,同时整复骨折断端,用益母草和红酒糟捣烂敷患部,小夹板固定。

方 8　牛角末、血余炭各 20 克,共研细末,先用食醋 3 升熬至 0.5 升,加入红谷子小米面 500 克熬成粥,再放入上述药末搅匀,至棍挑有丝即成。骨折整复后白布摊药敷伤处,小夹板固定,2～3 日更换 1 次。

方 9　牛骨(煅黄)3 份,杨树皮、榆树皮各 4 份,花椒 1份,共研细末,加面粉白酒各适量,调膏。热敷伤部,1 日 1 次。治新鲜单纯骨裂。

方 10　土鳖虫、五加皮、全蝎各适量,共研细末,加鸡蛋清和水调膏,白布摊药敷伤处,7 日换药 1 次。治轻度骨裂。

方 11　当归 60 克,土元(地鳖)25 克,白及 40 克,骨碎补75 克,煅自然铜 30 克,共研末,开水冲调。大畜每日 1 次内服,连服 5 日,以后隔日 1 剂。同时整复骨折固定,再用生南星、生半夏、生草乌、樟脑各适量,共研细末,加 1/3 白糖和适量烧酒调和贴于患部,隔 7 天换药 1 次。

方 12　甜瓜子、生油菜子、榆树白皮、香油各适量,共捣如泥。贴患部,2 日换药 1 次。治新鲜单纯骨裂。

方 13　大黄末 5 份,新鲜石灰面 4 份,共同放锅内炒红,加糯稻草灰 2 份,熟猪油调敷伤部,敷药后夹板固定,同时用骨碎补 75 克,土元 25 克,研末,开水冲,晾凉灌服,每日 1～2次。治大畜非开放性骨折或骨裂。

方 14　取松树根内皮(二层皮)晒干,研成细末,水调成膏,于骨折复位后外敷伤部,夹板固定。

方 15　活青蛙(绿背,中央有一红线者)捣碎,开水冲调,灌服,猪羊每次 2 只,马牛 8～12 只。

裂　蹄

【症　状】　马蹄壁呈现裂缝。有纵裂和横裂两种,裂蹄伤及深部时出现跛行。新发生的裂蹄有时有血液溢出,陈旧裂蹄有时从裂口分泌脓液。

【治　疗】　中草药治疗可选用下列处方:

方 1　鹅脂肪适量,涂蹄部一薄层,每日 2～3 次;同时隔日 1 次给马口服鹅(或鸡)脂肪 40～60 克,连服 10 次。

方 2　食油煮沸后加 2%明矾,用棉花蘸此油液涂于裂缝及其周围蹄壁,每日 1 次。

方 3　土豆(红皮最好)蒸熟去皮捣烂成泥状,敷于清洗干净的蹄裂处,装上蹄绷带,7～10 日更换 1 次,待新生角质长至蹄底即愈。

方 4　五倍子研末,猪油调敷患处,每日 1 次。

方 5　桑皮、榆树皮各 3 份,车前子(纱布包)4 份,白及 2份,煎汁去渣,熬至棍挑有丝时离火,加入等量的熟猪油,调匀成膏,每次涂蹄壳上一薄层。1 日 2～3 次,连涂 20 日。治蹄裂不敢负重。

方 6　猪油煮沸后加雄黄、血竭适量,修整裂蹄后,用棉花蘸取上述猪油滴入裂口内,滴满为止,3 日 1 次。治蹄裂疼痛,蹄壁发热。

方 7　用熔解的黄蜡趁热灌注裂缝,然后缠鱼石脂绷带。隔 5～8 日灌蜡 1 次。

蹄叉腐烂（漏蹄）

【症　状】　患蹄发热，行走时不敢着地，呈严重支跛。本病有湿漏和干漏两种。湿漏蹄叉有大小不同的裂缝，充满湿性腐烂物质，或流出黑而臭的脓汁。干漏蹄叉干枯，有腐烂碎渣。

【治　疗】　应先清除腐烂的角质、脓液等污物。经消毒后，用绷带包扎。治愈后装革底或铁板蹄铁。中草药治疗可选用下列处方：

方 1　雄黄、枯矾等量研末撒布、包扎，1～3 日换药 1 次。治蹄叉腐烂初期轻症。

方 2　豆油烧开涂抹患部，再用枯矾、雄黄、血竭各等量研末撒布、包扎，3～5 日换药 1 次。治蹄叉腐烂分泌物多。

方 3　白酒洗涤后，用雄黄、枯矾各 3 份，血余炭 1 份，研末撒布，黄蜡封闭患部，包扎，3～5 日换药 1 次。治蹄叉腐烂，蹄温增高。

方 4　沥青、黄蜡、血余炭各等份，共熬成膏，加入冰片末适量调匀，填塞患部并包扎，5～7 日换药 1 次。治蹄叉腐烂成洞。

方 5　大蒜泥 100 克，葱泥 80 克，生半夏（研末）60 克，生大黄（研末）40 克，加熟猪油适量，调成膏敷患部，1 日 1 次，敷药前先用消毒水洗净。治蹄叉腐烂流水痒痛。

方 6　花椒 30 克，柏树叶 100 克，煎汁 3 升，洗净患蹄；再用枯矾、没药、五倍子各等份研末撒布腐烂面，2 日换药 1 次。治蹄叉腐烂流臭脓。

方 7　松、柏叶煎汁洗净患部后，用百草霜 3 份，黄柏 2 份，硼砂 1 份，共研细末撒布患部，每日 1 次。治蹄叉腐烂流臭水。

方 8　菜油 40 份,羊油 10 份,黄蜡 15 份,加热煮沸后再加花椒末、没药末各 2 份,离火调匀,趁热注入腐蹄洞中,冷凝包扎,每 5 天换药 1 次。治蹄叉腐烂久不愈。

方 9　菜籽油烧开后加入诃子末、花椒末各适量,离火调匀,趁热倒入腐洞,用烟丝填满,熔化黄蜡封固,盖上白铁片,装钉蹄铁。治湿漏。如是干漏,本方中烟丝换成血余炭、乳香末、枯矾末各等量。

方 10　猪油 200 克熬后去渣,生姜 100 克,胡桃仁烧灰 75 克,甘石末 50 克,混合熬制成膏,涂封患部。

方 11　香油 30 毫升烧沸,加入血余 60 克,黄蜡 30 克后,即刻停火,待二药全部熔化,趁热灌入患部,包扎蹄绷带。

方 12　黄蜡 20 克,清油 50 毫升。先用利刀挖净污物腐肉,至见鲜血,将油蜡混合炼开,趁热灌注患部,再用白铁皮钉满掌心至愈。

方 13　雄黄 20 克,冰片 1 克,胡麻油适量。先清除变性角质,将上药研细粉撒布患处,再徐徐倒入沸油使药物呈糊状,石蜡熔化封闭,麻袋片包扎。

方 14　马钱子 3 个,花椒 30 克,研为极细末。将清油 50 毫升煮沸灌入患部,然后撒入药粉,立即用烙铁熔蜡封口,包扎蹄绷带。

方 15　鲫鱼、鸡爪参各 250 克,白及 40 克,冰片 30 克。将鲫鱼烤干同另药研末混合调敷患部,并包扎蹄绷带。

方 16　白及粉 6 份,煅石膏 2 份,黄连粉 2 份,共为细末,混匀,温水调成糊状,敷塞患部,包扎蹄绷带。

蹄叶炎(五攒痛)

【症　状】　常两前肢或两后肢同时发病,也有的四肢同时发病。两前肢发病时,前肢前伸,蹄尖不敢着地,两后肢伸于腹下,头颈高抬。两后肢发病,头颈低下,四肢聚于腹下,后肢各关节屈曲,步样紧张,腹部紧缩。四肢同时发病时,由四肢频频交换负重,姿态不定,重则起立困难。患本病时还表现蹄部发热,食欲减少,严重者肌肉震颤,体温升高,呼吸急促,出汗,脉搏加快,后期卧地不起。

【治　疗】　除去病因,减少渗出,缓解疼痛,促进机体解毒等是总的原则。治疗时应先除掉蹄铁,病初一二天对患蹄作冷水浴,每日两次,每次 1～2 小时。3 日后改为温水蹄浴,用 40～45℃ 温水每日浴患蹄 2 次,每次 1 小时,连续 5～7 日。可放蹄头血或胸膛血。中草药治疗可选择试用下列处方:

方 1　血余炭适量,醋调膏敷蹄底,全部填满,如发炭少,可再加醋糟填平,再用平板烙铁在药上烧烙,药温保持 45℃ 左右,每次半小时,烙后包扎不使受风,每日早晚各 1 次。治蹄叶炎发生 4 日以后。

方 2　芒硝 350 克,芦荟 10 克,干姜末 30 克,小苏打 150 克,水调,大畜 1 次灌服。治蹄叶炎初期,蹄部急痛增温。

方 3　血余炭 10 克,松香 32 克,黄蜡 47 克,前二药研末,黄蜡熔后调匀成膏。修削蹄甲后,将膏涂于蹄心、蹄壁,用烙铁轻烙,数日后换药,再如此处理 1 次。

方 4　黄蜡适量研末,放蹄底部,再放头发适量,用烙铁在蹄底重烙,周围侧壁轻烙,隔日 1 次,同时放蹄头血。

方 5　雄黄 5 份,葱白 4 份,鸡蛋清 4 份,蜂蜜 2 份,醋 1 份,共捣成膏敷于患蹄壳及底部,每日 3～4 次,敷前先削修患蹄,连用数日。治蹄叶炎初期疼痛发热。

方 6　柳树叶、槐树叶、松树叶、柏树叶各适量,水煎汁加醋适量。初期冷浴患蹄,后期温浴,每日 2～3 次,每次 20～30

分钟。

方7　薄荷、苍耳草各适量煎汁冷浴患蹄,每日3次,每次50～60分钟,连用数日。治蹄叶炎疼痛发烧。

方8　鲜败酱草(取麻菜、苦荬菜、荬菜)、鲜续随子全草各250克,鲜曼陀罗叶200克。洗净患部,放蹄头血,然后将上药捣细混合外包蹄部,3日换药1次,至愈。

方9　横卧保定患畜,使三蹄缚于腹壁,患肢伸直,蹄甲以上用湿毛巾包好以防烧伤,患蹄甲包草纸3～5层,用白酒洒患蹄,点燃烧之,至知痛而乱撞地时把火灭掉,解除保定。

屈 腱 炎

【症　状】　站立时负重,病肢屈曲,蹄尖着地,系部直立,球节弯曲。运动时,呈明显的支跛,球节下沉不充分,常发生蹉跌,跛行随运动加剧。患部增温肿痛,初期肿胀较轻,病程经久者屈腱肥厚而呈硬肿。有的因屈腱挛缩造成滚蹄。

【治　疗】　病畜休息,停役。中草药治疗可选用下列处方:

方1　患部扎绷带3层,用冷醋淋浇,每日5次,1次30分钟,或用黄土加醋捣泥敷于患部,每日早晚各1次。治屈腱炎初期肿胀疼痛,局部发热。

方2　棉花蘸热醋或60度白酒涂擦患部,每次30分钟;每日早晚各1次,涂后以绷带包扎。治屈腱炎中后期轻症。

方3　当归、没药、自然铜各等份,共研细末,白酒调敷患部,用绷带固定,外面再用纱布4层包扎,热醋淋湿,用平板烙铁在上面烧烙,干则淋醋,1次半小时,隔日敷烙各1次。治慢性屈腱炎。

方4　樟脑25克,薄荷5克,蓖麻油40毫升,混合涂擦患部,每日 2 次。治慢性屈腱炎。重者结合人字形或羽毛状烧烙。

方 5　松针 80 克,三棵针皮 50 克,杨树皮 45 克,防己 30 克,共研碎末,开水冲调,大畜 1 次灌服。治慢性屈腱炎。

方 6　陈草木灰加净凉水调敷患部。治屈腱炎急性热疼。

方 7　雄黄、栀子等量研末,用醋调敷患部。治屈腱炎初期。

方 8　大黄、黄芩、栀子各等份,研细末,加鸡蛋清调匀,贴敷患部。

方 9　用饱和食盐水涂擦患部 5~10 分钟后,再进行温敷。

方 10　鲜蒲公英全株 200 克,雄黄 20 克,冰片 2.5 克,捣成糊状贴敷患部。

方 11　醋、白酒各 500 毫升混合,加温 50℃左右,将一块 30 厘米×15 厘米的旧布浸泡于醋酒内,然后包于屈腱部,用烧红的烙铁(2 把轮流用)烙布上,边烙边向绒布上倒醋酒,约经 15 分钟左右即可。

腹下水肿(肚底黄)

【症　状】　患畜腹部皮下水肿或呈大小不同的圆形肿胀,无热无痛,水肿可逐渐扩大致胸腔、腹两侧及阴囊,按压留下指痕。怀孕后期母畜易患本病。

【治　疗】　中草药治疗可选用下列处方:

方 1　赤小豆 15~20 克,生姜皮 10~15 克,共同捣碎,开水冲调。猪羊 1 次混饲,每日 1 次,大畜用此量的 5~7 倍。治腹下水肿无热痛。

方 2　冬瓜皮 250 克,益母草 150 克,甘草 100 克,共捣碎,开水冲调。大畜每日1剂内服。

方3　活田螺250～500克,大蒜秆300～400克,共捣碎,开水冲调。大畜每日1剂内服。治腹下水肿心悸气喘。

方4　大麦芽150克,煎浓汁去渣。大畜每日1次内服。

方5　白茅根100克,黑豆350克,红糖250克,共研细末,开水冲调。大畜每日1剂内服。治腹下水肿,水草少进,消化不良,瘦弱乏神。

方6　鲜松针5份,鲜薄荷2份,共捣为泥,加盐1份,干净黄土3份,水调匀敷肿处,1日1换。治腹下硬肿微热。

方7　鲜柏树叶5份,赤小豆3份,鲜柳树根皮7份,共捣如泥敷肿处,每日1次。治腹下水肿疼痛增温或发痒。

方8　鲜柳枝、鲜槐枝、蒜辫子各5份,白矾3份,花椒1份,煎汁。温洗肿处,每次半小时,洗后揩干牵于暖处不受风吹,每日1～2次。治肚底黄疼痛增温或发痒。

方9　浮萍100克,木贼60克,赤小豆500克,共研细末,开水冲调。大畜每日1剂内服。治腹下水肿,尿不利,懒动。

方10　早稻根500克,蒲公英100克,冬瓜皮200克,煎汁。大畜每日1剂内服。治腹下水肿流动不定。

方11　玉米须250克,大枣100克,煎汁。大畜每日1剂内服。治腹下水肿,以后腹为重。

方12　生姜50克,白扁豆180克,玉米200克,共研细末,开水冲调。大畜每日1剂内服。治腹下水肿,瘦弱。

方13　高粱根100克,半边莲150克,旱莲草75克,甘草120克,共研细末,开水冲调。大畜每日1剂内服。治腹下水肿,心悸乏神,口青舌紫。

方14　刚风化为末的鲜石灰过筛装瓶密封。视肿块大小取等量石灰和食盐,加常水调成糊状涂满患部。每日2次,现调现用。

方 15　仙人掌去皮捣烂敷患部,或与芙蓉花叶共捣烂,加醋外敷患部,1 日 1 换。

方 16　甘草 200 克,茵陈 150 克,木通 100 克,共研细末,开水冲调。大畜每日 1 剂内服。治腹下水肿,尿少微喘。

方 17　患部消毒后以针乱刺肿处使流出黄水,用陈石灰面炒热加醋调敷肿部。

方 18　咸菜缸底泥,炒至半干加醋调糊,敷肿处一厚层,每日早晚各 1 次。治腹下水肿发痒。

方 19　金樱子根(晒干)500 克,浓煎汁适量,加白酒 100 毫升,大畜 1 次内服;并用醋 500 毫升,白矾末 35 克,高粱面适量调糊,敷肿部,每日内服外敷各 1 次。治腹下水肿,心肾亏虚。用药后适当牵遛。

方 20　榆树白皮(晒干)80～100 克,白米 300 克,共研细末,开水冲调。大畜 1 次内服;并用火硝 2 份,花椒 3 份,共研末,加绿豆面 8 份、醋适量调糊涂肿部。治腹下水肿,局部增温,疼痛或痒。

方 21　陈葫芦 200 克,蚕豆 300 克,共研细末,大畜每日 1 次内服;并用大葱 1 份,白矾 2 份,醋 10 份,水 5 份,煎开候温,加白酒适量洗肿处,早晚各 1 次。治心肺虚弱,腹下水肿,心悸微喘。

方 22　青蛙(晒干)200 克,蝼蛄(晒干)25 克,葫芦子 100 克,共研细末,开水冲调,大畜每日 1 次内服;另用花椒、白矾、黄蒿各适量,加醋 3 份、水 1 份,共煎汁,温洗肿处,早晚各 1 次。治臌胀,腹下水肿,心脾亏虚。

方 23　生石膏、桐油各等份,共混匀成浆糊状,外敷患处,每日 1 次,连用 2～4 次。

方 24　大蒜根茎、大葱根茎、鲜柳树枝各等份,煎汤局部热敷,每日数次。

方 25　鲜蒲公英 100 克,石灰粉、面粉各适量。捣烂加水拌成糊状,涂敷患处,每日 2 次,连用数次。

方 26　白矾 30～80 克研末,加 3～6 个鸡蛋(用蛋清)和少许水,大畜 1 次灌服。投药同时应结合大宽针乱刺肿处,并涂以细盐。

方 27　陈油菜子 250 克,炒焙至发出爆裂声后,放入适量水在锅内混匀捣碎,当锅内温度约 50℃左右时再放入白酒 100 毫升混匀,大牛连渣汁 1 次灌服。一般只需 1 剂。

方 28　陈小麦若干,加水淹没,浸 3 日(冬季 7 日),捣烂,过滤去渣,静置沉淀后除去上清液,将沉淀小麦晒干放锅内小火炒至焦黄色成块状时取出,放凉研粉。用时取粉加醋调成软膏外敷患部。

方 29　鲜天南星 100 克,捣烂调醋。用小宽针先将患部刺破,按压使其流出黄水或淡红色血液,再将药涂于患部。日涂 2 次,连用 3 日。

方 30　藤黄 10 克,石灰粉 50 克,白酒 200 毫升。先用三棱针刺肿胀处,放出黄水或血水。再用藤黄磨酒溶解,然后将石灰粉倒入藤黄酒中调成糊状,涂敷患处。每日 1～2 次,连用 3～5 日。

方 31　雄黄、白矾各等份。共研末,用菜油调擦患部,1 日 1 次,连续 3～5 日。

直肠脱出(脱肛)

【症　状】　病畜拱腰,尾巴举起,直肠粘膜在肛门外形成淡红色花瓣状物。长时间不能缩回,致使粘膜水肿呈青紫色,干裂或坏死。

【治　疗】　中西医结合治疗。新发病例用 0.2％高锰酸钾或 1％～2％明矾水清洗患部。先按西医方法整复、缝合,再根据病情采取镇痛、消炎、缓泻等对症治疗。中草药治疗可选择试用下列处方:

方1　石榴皮 10 份,防风 7 份,白矾 5 份,花椒 1 份。加水煎开数沸,候温用以洗净脱出部,缓缓送回。如粘膜肿胀送回困难时,用消毒过的小宽针点刺粘膜,流出肿液使其变小后送回;同时用两块浸有温药液的纱布,交替托住肛门,直到不脱出为止。治新鲜脱肛或直肠脱尚未感染,或感染轻微。

方2　脱出的直肠壁肿胀坏死严重时,用没药、红花、花椒各 4 份,枯矾、防风、乌梅、金樱子各 5 份,煎汤洗净,捏破肿胀,清除坏死粘膜,挤出水肿液,然后用适量明矾末揉擦后,将脱出部轻轻送入肛门,再用两块浸有温药液的纱布,交替托住系拴固定于肛门处,中留排粪孔;如继续脱出,则行肛门口袋缝合,留适当排粪孔,7～10 日后拆线。

方3　金樱子根、槐树根皮煎汁洗净患部,用马勃焙干研末,香油调擦患部,每日 3 次。治脱肛红肿。

方4　泽兰叶 5 份,大葱 4 份,艾叶 1 份,煎汁洗净患部;再用黄豆、蒲黄等量焙干研末,熟猪油调膏敷患部,每日洗敷各 2 次。治轻度未感染的脱肛。

方5　活蚯蚓或干地龙 50～80 克,洗净捣烂,加白糖 200克,开水冲调。大畜 1 次内服,加用上述方 4 治疗。治脱肛感染增温肿疼。

方6　炒槐豆子 50 克,干柿饼 400 克,蚕豆 250 克,共捣碎烂,开水冲调,大畜 1 次内服;另用田螺肉(焙干去壳)5 份,蝉蜕 2 份,冰片 1 份,共研细末,菜油调抹患部,然后用前述法整复。治牛马气虚脾寒脱肛。

方 7 芫荽 200 克,加水煎汁熏洗,每日 2 次。另用鳖头 1 个焙焦存性,研细末香油调敷患处,1 日 2 次。治猪脱肛。

方 8 鳖头 3～4 个,猪大肠头 1 个,加水盐煮熟,共捣碎烂,混饲料中给猪吃下,隔日 1 次;另用活田螺数十个放盆内,待头伸出时撒上白糖,取螺汁和糖的混合液涂于脱出部,1 日 2～3 次,并行整复。治猪重症脱肛。

方 9 温开水适量化入少量食盐,将脱出的直肠头洗净,涂布烧酒,用枯矾末适量撒布,进行整复;再用两块浸湿热醋的纱布拧干,交替暖托 1 小时。治虚寒脱肛。

方 10 柳树根 250 克,红糖 200 克,煎汁,大畜 1 次内服;另用苍耳草 10 份、榆树皮 5 份、花椒 1 份煎汁洗净患部;白矾 3 份、五倍子 2 份研末撒布患处,进行整复,热醋纱布暖托 1 小时。

方 11 先用开水化盐洗净肛门,再用烧酒喷肛门,然后将少量枯矾末撒在肛门上,将直肠送回。最后用热鞋底暖肛门 1 小时。治禽肛门垂脱。

方 12 艾叶煎汁洗净肛门后,手涂香油,托送回去,每日处理 3～4 次。治禽初期脱肛。如不愈,整复后肛门皮肤行袋口缝合,中间留排粪口,待禽不再努责时拆线。

结膜炎(火眼、肝热传眼)

【症 状】 患眼增温、流泪、结膜潮红、稍肿胀、疼痛,有浆液性或粘液性眼眵。重症时,肿疼明显,有黄白色脓性眼眵。

【治 疗】 中草药治疗可选用下列处方:

方 1 取新鲜鱼胆,凉开水洗净,用烧红的针刺破,使胆汁流入净眼药瓶中,每日 4～5 次滴患眼,每次 2～4 滴,治愈为止。治结膜炎红肿疼痛。

方 2　菠菜子 100 克，野菊花 60 克，共捣碎烂，开水冲调。马骡每日 1 剂内服，结合局部治疗。治急性结膜炎初起。

方 3　健康羊胆汁、蜂蜜各等量，文火熬成膏，开水冲调 15 毫升，候温。猪羊 1 次内服，每日 2 次，大畜用此量的 5～6 倍，亦可用此膏点患眼。治结膜炎红肿流泪。

方 4　鲜桑叶适量，冷开水洗净后捣烂，用消毒过的温乳汁浸泡半小时，用此桑叶敷患眼，每次 20 分钟，1 日 3～5 次。治结膜炎红肿疼痛。

方 5　鲜柏树叶 15 份，捣烂后加白蜂蜜 5 份，冰片末 1 份，再研和均匀，每次取适量摊净纱布上敷患眼，1 日 3 次。治结膜炎肿疼日久。

方 6　菊花 200 克，煎汁两次混合约 2.5 升，过滤后一半内服，一半熏洗患眼，1 日 2 次。治结膜炎红肿流泪。

方 7　车前叶 150 克，谷精草 80 克，木贼草 50 克，蜂房 40 克，煎汁适量，大畜 1 次内服。治结膜炎日久不愈。

方 8　鲜石榴嫩叶 30 克，加水 500 毫升，煎成 250 毫升，去渣过滤后洗眼，1 日 2～3 次。治结膜炎红肿痒疼。

方 9　用注射器吸养在净水盆里的活石螺蛳水点眼，每次 2～3 滴，1 日 3 次。治急性结膜炎。

方 10　鲜丁香花叶 60 克，水 1 升煎成 0.6 升，过滤后洗眼，1 日 2～3 次。治结膜炎发痒多眵。

方 11　慈姑（慈果子、水慈姑）粉 20 份，冰片 1 份，黄柏 10 份，共研极细末点患眼，1 日 2～3 次。治结膜炎流脓眵。

方 12　紫花地丁洗净捣烂拧汁点眼，每次 2～3 滴，1 日 3 次，药渣加适量鸡蛋清敷于患眼皮上。治结膜炎红肿急剧。

方 13　鲜蒲公英 700 份，生栀子 100 份，煎药汁两次混合,一半内服,一半过滤后洗患眼。治急性结膜炎初期。

方14　从老黄瓜一端开口去瓤,填满芒硝,端孔盖好,悬阴凉通风处,硝透瓜外结成霜,刮取备用。每次用少许点患眼,1日2～3次。治慢性结膜炎或急性复发。

方15　取鳖胆汁加等量蒸馏水稀释,每日早晚各1次点患眼。治结膜炎肿疼。勿与他药合用。

方16　柳絮25克,霜桑叶60克,菊花45克,白糖60克,煎汁灌服,每日1剂,连服3日。治马骡慢性结膜炎流泪。

方17　鲜蒲公英400克。水煎后,一半口服,一半趁热熏洗患眼,1日1次。

方18　续断少许,放嘴里嚼细,将含药唾液喷进患部或涂擦。

方19　生食盐加水5倍煮煎,盐完全溶化后过滤装瓶,用以反复冲洗患眼。1日3～5次,连用1～3日。

方20　活水蛭5条,置清水中2～3日,待洗净泥土,吐尽污垢后,放入10毫升蜂蜜中。约1小时水蛭即死亡,呈现混浊液体。5小时后捞弃水蛭,投入冰片2克,密封备用。临用时用滴管吸取药液,每次2滴,每日1～2次。治结膜炎、角膜炎等。

方21　核桃仁40克研碎,用净水调成糊状,敷包患眼,每日1次,直到病愈。

方22　活田螺2～3只,冰片2～5克。田螺起盖,放入冰片,待田螺内流出水,即为"冰螺汁"。取"冰螺汁"搽患眼,每日2～3次。

方23　将冰片2克研细末与烟油1克共置小玻璃瓶内,混匀备用。每次点眼1滴,每日1～2次。

方24　将干或鲜山豆根全株100克浸泡在新鲜人尿250

毫升中 12 小时,用注射器吸取上清液喷洗牛眼,1 日 2~3 次,连用 2~3 日。

方 25　黄连 4 克,冰片 2 克,加水煮沸,浓缩为 20 毫升药液,取澄清的药液点眼,1 日 3~4 次,连点 2 日。

方 26　新鲜鹅不食草(砂药草、球子草)30 克,捣汁后用塑料眼药水瓶吸汁滴于患眼内。每日 3~4 次,连用 3 日。

方 27　猪胆汁浓缩成膏 1 克,黄连 2 克,用开水 50 毫升浸泡,待凉滤取清液,加入冰片粉 0.5 克搅匀点眼,连用 2~3 日。

方 28　野菊花煎汤,用澄清液凉后洗眼。治兔结膜炎。

方 29　紫花地丁捣烂取汁,每日点眼 5~6 次。治兔结膜炎。

方 30　蒲公英 32 克,加水煎汁,头煎内服,二煎洗眼。治兔结膜炎。

方 31　菊花 30 克,童尿 1 碗,共煮沸取汁洗眼,每日 2~3 次。治兔结膜炎。

方 32　野菊花 1 把,薄荷叶 1 把,煎汁洗眼,余药汁灌服。治兔结膜炎。

方 33　猪胆汁 1 份,白酒 9 份,混合后每次内服 3~5 毫升。治兔结膜炎。

角 膜 炎

【症　状】　病畜患眼怕光、流泪,眼睑闭合,角膜混浊,表面粗糙不平,有白翳。其边缘有树枝状新生血管。若是鞭打或外伤,则角膜有伤痕或血斑,角膜呈淡蓝色的半透明或灰白色不透明的混浊,视力减弱或失明。

【治　疗】　中草药治疗可选用下列处方:

方1　用注射器吸取牛羊或猪的苦胆汁适量,与等量蒸馏水混匀,每次2～3滴点入眼内,1日2～3次。治溃疡性角膜炎或角膜混浊。

方2　食盐炒至灰色,细竹子节部烧成灰(存性),等量共研极细末,吹入眼内少许,1日2次。治传染性角膜炎。

方3　嫩柏树叶10份,白矾1份,煎汁适量过滤后洗眼,每次2分钟,1日3次。治传染性角膜结膜炎。

方4　麻雀粪(晒干)1份,白及、白牵牛子各3份,共研极细末,每次用小米粒大点入患眼,2～3日1次,共用10次。治角膜云翳胬肉。云翳不退时即应停药,考虑手术。

方5　鲜鹅不食草20份捣汁,煎开澄清,加冰片末1份调匀,候冷点患眼胬肉上(一般在眼角内),1日1～2次。治角膜炎日久形成云翳或胬肉。

方6　杏仁(去皮尖)、白蜂蜜各适量,共研成膏,点患眼胬肉上,1日1～2次。治角膜胬肉。

方7　熟鸡蛋黄炒出的油点眼,1日2～3次。治角膜炎轻症。

方8　黄连1份,煅石决明2份,共研极细末,点入患眼少许,1日2次。治角膜炎初期视物不清。

方9　鲜藕节适量,捣烂后净纱布拧汁,每次点入患眼4～5滴,1日3～4次。治灰尘入眼引起角膜炎。

方10　南瓜、鲜生地各适量,共捣碎烂敷患眼上,1日3～4次。治打伤引起角膜炎。

方11　鲜桃叶适量,凉开水洗净,用净鸡蛋清调匀,共捣成膏敷于患眼上,1日2～3次。治打伤角膜肿疼。

方12　嫩紫苏叶、嫩月季花叶各适量,加入砂糖少许,共捣碎烂,敷于患眼上,1日3次。治打伤角膜红肿流泪。

方13　茄子(洗净去皮)200克,白糖15～20克,共同捣烂成膏,敷于患眼上,1日3～4次。治新鲜角膜创伤。

方14　猩红1克,分10次吹入患眼。治陈旧性角膜炎形成的云翳影响视线。

方15　干木贼草250克,甘菊花80克,共研末,开水冲调,候温给大牛1次内服。治角膜炎形成白外障。

方16　水芹20克,捣碎拧汁过滤,加冰片末1克混匀,每次点角膜白斑上数滴,1日3次。治角膜炎引起白斑蔽睛。

方17　1%三七液煮沸后冷却点眼。

方18　10%食盐水,热敷患眼。

方19　青霉素粉80万单位,猩红0.2克,混合吹入患眼,每日2～3次。

方20　将鲜续断50克洗净捣碎,放入干净容器内加入冷开水300毫升浸泡1夜,去渣用纱布过滤备用。用注射器吸取药液喷患眼。

方21　枸杞根100克,放入白酒200毫升中泡3日,去渣取液点眼,1日3次,1次3滴。

方22　鲜旱莲草5～9株,洗净捣烂,榨取汁液点眼,每日2～3次。

方23　明矾研为极细末,过细罗,装瓶备用。用时将药撒入眼睑内少许。每日早晚各1次,连用3～5日。

方24　先用白矾水清洗病眼,然后用冰螺汁(见结膜炎方22)适量点眼,1日2～5次,连用3日。

方25　竹尖炭10克,大青盐10克,冰片0.5克。共研极细粉,用适量点眼内,每日1次,连用数日。治角膜翳。

方26　人指甲研极细末,用人乳调匀点眼,每日2次。治初、中期角膜翳。

方 27 轻粉 6 克,冰片 2 克,各研为极细末,将 1 个鸡蛋的蛋清放在清洁瓦片上,用火焙黄,刮取研细为末,与前药末混匀装瓶备用。用时以清洁的毛笔尖或禽羽蘸上人的唾液,再蘸药末,涂抹于患眼角膜上,每日 1 次,连用 3 日。治角膜翳。

方 28 烟草茎秆晒干烧灰存性,冷却后用厚纸包好放阴凉处 24 小时,研末过细筛,按 5 比 1 加入冰片同研至极细末,装瓶备用。用时取药末少许置碗内,加少许花生油调成糊状,放入患眼,每日 3 次至愈。治牛角膜翳。

方 29 将蛇蜕 1 条装入新鲜小竹筒内,竹筒两头用泥堵塞,置武火中烧烤竹筒至竹筒断烟(勿把竹筒烧成灰),除去两头泥土,倒出蛇蜕皮(以色白者佳),装瓶备用。用时以鲜人乳汁调之,点入眼内,每日 5 次。治角膜翳。

方 30 绿葡萄藤去结,剪成 15 厘米长,使两头呈无结之中空状。用时将患眼睑翻开,对准眼睑,将葡萄藤内汁吹入眼睑内。每次 5～10 滴,每日 2～3 次,翳去为止。

方 31 试用新鲜鸡蛋清 2 毫升,皮下注射,每日 1 次治兔角膜混浊生翳。

第八章 生殖系统疾病土偏方

流 产

【症 状】 病畜有的无明显症状而突然流产,有的在流产前从阴道流出粘液,起卧不安。阴道检查时子宫颈稍开张。妊娠后期流产可见乳房增大。有的因胎儿死亡变成干尸,或被感染而发生胎儿溶解或腐败。

【治　疗】 有流产先兆的母畜要注意护理,排除流产因素。如子宫颈开张,胎膜已破时,应让母畜自行排出胎儿。如死胎停滞在产道中时,需将其拉出,以免死胎腐败。中草药安胎可选用下列处方:

方1　苎麻根150克,煎汁适量。大母羊徐徐灌服。

方2　莲子肉30克,糯米35克,苎麻根25克,煎汁适量。猪羊1次灌服,大畜用此量的3～5倍。

方3　荷叶蒂125克,香附60克,艾叶65克,红枣130克,煎汁适量,加童便400毫升。大畜1次灌服。

方4　艾叶20克,煎汁适量,鸡蛋2个去壳调入。羊猪1次灌服。

方5　红粘谷(炒研末)1千克,杜仲(研末)60克,开水冲调。大畜1日分2次服。

方6　生扁豆35克,生姜3克,白糖30克,煎汁适量。猪1次灌服,大畜用此量的5倍。

方7　荷叶蒂25克,南瓜蒂20克,煎汁适量。羊猪1次灌服,大畜用此量的5～6倍。治胎动漏血肚疼。

方8　桑寄生15克,川断20克,菟丝子25克,煎汁适量,羊猪1次灌服。大畜用此量的3～5倍。治流产预兆肚疼或漏血。

方9　糯稻根60克,丝瓜藤35克,黄芩10克,煎汁适量。猪羊1次灌服,大畜用此量的3～5倍。

方10　葱白25克,灶心土40克,艾叶15克,煎汁适量。猪羊1次灌服,大畜用此量的5倍。治妊娠反胃吐水吐食易致流产。

方11　丝瓜藤25克,莲子肉38克,枸杞根20克,糯米45克,共煎汁适量。猪羊1次灌服,大畜用此量的5倍,1日1

剂。治妊娠肚疼或漏血。

方12 桑寄生50克,干荷叶60克,共研末,糯米泔水调药。羊猪1次灌服,大畜服4倍量。治胎动腹疼漏下黄水。

方13 卷心荷叶45克,艾叶10克,煎汁,加红糖50克。羊猪1次灌服,大畜用4倍量。治胎动发烧漏血。

方14 银柴胡20克,金银花15克,南瓜蒂25克,煎汁适量。羊猪1次灌服,大畜用此量的5倍,连服数日。治胎动腹疼,漏下黄稠粘液,发烧。

方15 桑寄生35克,艾叶20克,煎汁适量,阿胶25克(溶化),加米酒25毫升调匀。羊猪1次灌服,大畜用此量的5倍。治胎漏血水。

方16 大黑豆70克,核桃肉15克,共研细末,加水适量煎沸15分钟,加黄酒50毫升。羊1次灌服,大畜用此量的4倍,连服至痊愈为止。治胎动腹疼腰拖。

方17 莲房(炒炭存性)20克,破故纸(炒香)12克,共研细末,开水适量冲调。羊猪每日1次灌服,大畜用此量的5~7倍。治胎动腰腹疼痛或漏血。

方18 卷柏35克,莲子肉(去心)40克,糯米30克,共研末,水适量煎沸20分钟。羊猪连渣1次灌服,每日1剂治愈为止。治胎动漏血。

方19 蚕豆壳(炒干研末)20克,砂糖15克,开水调药,候温。羊1次灌服,大畜用5~10倍量。治妊娠吐水漏血。

方20 生地150克,煎汁适量,化入阿胶120克。马1次灌服,小畜酌减。治妊娠心虚血亏、胎元不固而异常跳动。

方21 椿根皮200克,干葫芦150克(湿的250克),煎汁适量。牛1次灌服,小畜酌减。治胎动漏黄水肚疼。寒颤的加红糖适量。

方22　白鸡冠花100克(焙干存性),荆芥(炒黑存性)35克,研细,开水适量冲调,加白酒50毫升。大畜1次灌服。小畜酌减。治肚疼起卧先兆流产。

方23　葱白150克,荞麦仁500克,加水适量煮熟。牛连渣1次灌服,每日1～2次,小畜酌减。治虚寒胎动漏血。

方24　南瓜蒂200克煎汁适量,马1次灌服,每日1～2次。治闪伤胞胎漏血先兆流产。又南瓜蒂焙干研末,开水调服5～10个,每日1次,连服数月。用于预防流产。

方25　白矾30克,加水适量煎开,打入鸡蛋10个,候温。大畜1次灌服,每日1～2次。治胎动漏黄水或血。

方26　锅底灰70克,灶心土150克,大黑豆300克,煎汁适量。大畜1次灌服,中小畜酌减。治胎伤漏黄水或血,肚疼不安。

方27　玉米包衣(玉米棒外面的皮)100克,大红枣200克,煎汁适量,调入血余炭末25克。大畜1次灌服。治虚弱滑胎。

方28　狗头骨1个烧炭存性研末,用糯稻根150克煎汁冲调,候温。大畜每次灌服120克,每日1～2次,中小畜酌减。治胎动不安或漏下血水。

方29　黄芩500克,研成细末,拌草或混入饲料中喂服,每日3次,每次50克。预防大畜流产。

方30　艾叶炭、鲫鱼各500克。煎汤去渣,马牛1次温服,每日1次,连服4～7日。

子宫炎

【症　状】　慢性子宫炎起初仅表现为食欲不振,产乳量慢慢减少,不发情或发情推迟,不易受胎等。症状稍明显的,可见弓背努责,作排尿姿势,体温微升,经常从阴户流出少量粘脓分泌物。急性子宫炎体温升高,常卧地,食欲废绝,反刍停止,磨牙,阴户流出较多淡红色或褐色的粘稠而腥臭的分泌物,附着在尾根、阴户的周围及后肢。以后毛焦肷吊,不易站起,行走僵硬,呆立无神,有时后肢踢腹。

【治 疗】 中草药治疗可选用下列处方:

方 1 茯苓 50 克,蒲公英 120 克,鸡冠花 35 克,炒苍术、白术各 50 克,共研为末,开水冲调,候温。大畜 1 次灌服。

方 2 蒲黄、当归、五灵脂各 10 克,共为末。开水冲调,待温。羊 1 次灌服。

方 3 向日葵茎秆(连白芯一起)15～20 克,臭椿树皮 70 克,棉花子 25 克,共捣碎烂,煎汁适量。羊 1 次灌服,马牛服此量的 5 倍。治子宫内膜炎带下肚疼。

方 4 扁豆花 20 克,鸡冠花 30 克,黄芩 15 克,煎汁适量。猪 1 次灌服,马用此量的 5 倍。治子宫炎带下腥臭。

方 5 鲜藕(切片)250 克,胡萝卜缨(切碎)100 克,共捣碎烂,加水适量煎开 10 分钟,加红糖 100 克。羊 1 次连渣灌服,牛用此量的 5～6 倍。治带下黄臭发烧。

方 6 桃仁 50 克,枸杞子 90 克,鲜败酱草 250 克,捣碎烂,加水适量煎开。1 日 1 剂牛灌服,小畜酌减。治子宫炎淤血发烧带下。

方 7 蒜薹头 65 克,艾叶 25 克,淘米水适量煎汁,加 2 个鸡蛋的蛋清。羊 1 次灌服。治慢性子宫炎带下黄臭。

方 8 山楂 150 克研末,用益母草 65 克煎汁适量冲调,加红糖 150 克。大畜 1 次灌服。治子宫淤血留滞,带下腹痛。

方 9 香附 20 克,白鸡冠花 25 克,煎汁适量,加黄酒 25 毫升。羊 1 次灌服,大畜用 5 倍量。治子宫血淤气滞肚疼。

方 10 黄瓜藤(阴干)80 克,老丝瓜(焙焦存性)50 克,研末,开水适量冲调,加红糖 150 克,白酒 100 毫升。大畜 1 次灌服,中小畜酌减。治慢性子宫炎带下、后肢浮肿。

方 11 地锦草(铺地锦、奶汁草、红丝草、血见愁)20 克,白菊花根 25 克,煎汁适量。羊 1 次灌服,如用鲜的捣烂拧汁灌服,量为此 3 倍,牛用此量的 5～7 倍。治子宫炎带下黄赤、腥臭发烧。

方 12 泽兰根 60 克,卷柏 15 克,共煎汁适量,加白糖 30 克。羊 1 次灌服,牛用此量的 4～6 倍。治产后子宫淤血带下、浮肿肚疼。

方 13 蚕豆梗 150 克,苋菜籽 15 克研末,共煎汁适量,加红糖 100 克。羊 1 次灌服,牛用此量的 3～5 倍。治胞宫湿热带下赤白、尿涩浮肿。

方 14 芝麻花、根各 20 克,玉米须 30 克,共煎汁适量,加白糖 70 克。羊 1 次灌服。治带下肚疼、尿涩浮肿。

方 15 白茄根 30 克,干芹菜 50 克,韭菜根 65 克,共煎汁适量,加红糖 50 克,羊 1 次灌服,牛用此量的 5～8 倍。治产后肚疼带下。

方 16 芸苔子 20 克,晚蚕砂 30 克,益母草 20 克,共煎汁适量。羊 1 次灌服,牛用 5～7 倍量。治产后肚疼带下浮肿。

方 17 桃仁、红花各 20 克,益母草子 25 克,共煎汁适量。羊 1 次灌服,牛用 5～6 倍量。治产后淤血带下肚疼。

方 18 经霜茄子 150 克,败酱草 50 克,赤小豆 30 克,共煎汁适量,加红糖 50 克。羊 1 次灌服,牛用此量的 5～6 倍。治产后子宫淤血化热、带下肚疼浮肿。

方 19 血余炭 7 克,鲜益母草(捣碎)60 克,元胡(研末)5 克,加水煎开 15 分钟,加白糖 50 克。羊 1 次连渣灌服,牛用此量的 5～8 倍。治产后恶露不尽、肚疼不安。

方 20　胡萝卜缨 70 克,荆芥(炒炭存性)15 克,炒黑豆 40 克,加水煎浓汁适量。羊 1 日 1 剂分 2 次服完,牛用此量的 5 倍。治子宫发炎肚疼发烧、带下恶臭。

方 21　蚕豆皮(焙干)20 克,地肤子 25 克,鲜苦苦菜 100 克,共捣碎烂,加水适量煎开 15 分钟,候温。羊 1 次连渣灌服,牛服此量的 5 倍。治产后子宫炎发烧带下。

方 22　连根大葱 50 克,切碎捣烂,炒蒲黄 40 克,加水适量煎开 15 分钟,打入鸡蛋 2 个。羊 1 次灌服,牛服此量的 5～6 倍。治子宫炎发烧抽风。

方 23　干黄瓜藤 60 克,韭菜根 50 克,马齿苋 100 克,切碎捣烂。加水适量煎开 15 分钟,候温。羊 1 次连渣灌服,牛用此量的 5 倍。治产后子宫炎发烧抽风。

方 24　干苋菜 70 克,薄荷 15 克,大蒜 50 克,切碎捣烂,加水煎开 15 分钟。羊连渣 1 次灌服。治慢性子宫炎带下。

方 25　玉米须、白扁豆、蒲公英各 60 克,益母草、野菊花各 120 克,加水煎汁,去渣加红糖 200 克,大畜 1 次灌服。

方 26　益母草 500 克,鸡冠花 180 克。混合研末分 3 包,日取 1 包,开水冲调,候温灌服。治牛子宫内膜炎。

方 27　益母草 350 克加水煎汁,加入红糖 200 克调服。牛 1 日 1 次,连用 3～4 日。

方 28　野菊花、败酱草、鱼腥草各 250 克。各药洗净,加水 1.5 升煎熬至 1 升时,用双层纱布过滤,待滤液温度约为 40℃时注入病牛子宫内,每次注入 0.5 升,隔日 1 次。

方 29　鲜大叶桉 400～800 克,水煎制成 10%～20%溶液,灌洗子宫。

方 30　炙黄芪、益母草各 16 克,当归 8 克。水煎去渣取汁。猪 1 次内服。

方 31　鲜韭菜子 120 克研末,拌入饲料内喂猪。

方 32　鲜韭菜苗 150～250 克,切细拌少量饲料喂猪,1
日 1 次,连用 1 周。

方 33　鲜侧柏叶 30～50 克(干品减少 1/3),水煎取汁喂
母猪。

子宫脱出

【症　状】　子宫部分脱出时,母畜表现努责、举尾等。阴
道检查时,可发现翻转的子宫角突出于子宫或阴道内。全脱出
时,牛的脱出子宫呈淡红色,梨形,表面有肉阜。马的脱出子宫
表面光滑呈袋状,常发生出血。猪的脱出子宫呈长袋状。脱出
的子宫易发生水肿、干裂和坏死。

【治　疗】　子宫脱出时须及时用手术方法整复,控制炎
症和预防感染。可酌情选用下列处方:

方 1　白矾 35 克,花椒 30 克,石榴皮 20 克,加水 3 升煮
沸半小时,滤出清液待冷,洗净子宫后托送入盆腔,慢慢牵遛,
防止卧地努责,不上高坡,不拴斜坡,停止使役,喂富有营养易
消化的草料。

方 2　丁香 70 克研末,开水适量冲调,母牛子宫整复后 1
次灌服。

方 3　大枣 250 克,升麻 50 克,枳壳 60 克,炙黄芪 250
克,将大枣去核剪碎,其余研末,混合,开水适量冲调。牛 1 次
灌服,羊猪用此量的 1/5。治气虚子宫脱出。

方 4　蛤粉 35 克,雄黄 25 克,乳香 12 克,薄荷 5 克,共研
细末,用熟猪油调成软膏,在子宫糜烂处涂敷,每日 1 次。

方 5　五倍子研末,香油调成稀糊,用消毒棉蘸药后,塞

于阴道穹隆处。可利湿清热消肿缩宫。

方 6　鲜金樱子根 150 克(干的 70 克),用水 2 升,煎汁 300～350 毫升,加糯米酒 150 毫升混合。羊 1 日 1 剂灌服,大畜可服此量的 4～5 倍。脱出早期有固收胞宫作用。

方 7　枳壳 100 克,煎汁适量,一半熏洗脱出的子宫,另一半加白糖 50 克,羊 1 次灌服。大畜用此的 3～4 倍。

方 8　棉花子(醋炒去壳研末)15 克,棉花壳(烧存性研末)5 克,糯米酒 60 克,调匀。羊 1 次灌服,其他家畜用量可酌情增减。有温肾补虚固脱及止血作用。

方 9　鲜竹根 30 克,糯稻根 100 克,煎汁适量。羊 1 日分 2 次灌服。

方 10　山药 150 克(切碎),益智仁 20 克(研末),加水适量煮开 20 分钟,加糯米醪糟半碗,调匀候温。羊 1 次灌服。

方 11　升麻 15 克,黄芪 20 克,煎汁适量。猪 1 次灌服。

方 12　莲房(烧存性)55 克,炒荆芥 35 克,共研末,开水冲调。大畜每日早晚各 1 次灌服。有固脱逐淤和止血作用。

方 13　艾叶 20 克,煎汁冲调鸡蛋 3 个,加红糖 30 克。羊隔日 1 剂灌服,大畜用 5 倍量。

方 14　金樱子 35 克,石榴根皮 20 克,益母草 25 克,煎汁适量。羊 1 次灌服,大畜用 3～4 倍量。治创伤淤血子宫滑脱。

方 15　黑豆 200 克,何首乌、木瓜各 50 克,共研细末,加水适量煎开候温。大畜每日早晚各服 1 剂,猪用此量的 1/5。治肾胞气虚脱垂。

方 16　黄芪 80 克,糯米 200 克,共研末,猪膀胱 1 个切碎,另用桑螵蛸 65 克水煎滤汁,用此汁煎前三药数沸,候温。大畜 1 次灌服,猪羊用此量的 1/5～1/3。治中下焦气虚脱宫。

方 17　乌龟(去壳)1 只,刺猬皮 35 克,赤小豆 25 克,共捣碎烂,加水适量煮熟。连汤带渣给猪 1 次灌服。能促进子宫收缩。

方 18　红鸡冠花根 35 克,小茴香根 65 克,共煎汁适量。羊 1 次灌服。祛寒缩宫。

方 19　干茄子、茄蒂各 100 克,鳖头 3 个,共煎汁适量。羊 1 日 1 剂灌服。能清热活血、消肿缩宫。

方 20　干莲房 8 个,大蒜 40 克,蛇床子 30 克,五倍子 30克,醋水各半,煎汤 1 盆。熏洗脱出的子宫,每日 1～2 次。

方 21　白矾 30 克,地肤子、石榴皮各 35 克,花椒 10 克,煎汤熏洗脱出的子宫,每日 1～3 次。

方 22　田螺肉 2 千克,用香油适量炒熟。分两次喂食。治猴子脱宫,有清热消肿收脱作用。

方 23　红花 35 克,煎汤适量,加白酒 35 毫升。给猴子调入食物服用。有活血缩宫作用。

方 24　苦豆子根 15 克,枯矾 5 克,煎汁半盆,对脱宫先熏后洗,1 日 1 剂;再用五倍子 3 个,荷叶蒂(烧灰存性)5 个,冰片 1 克,共研细末撒患处。治羊猪脱宫流白带。

方 25　升麻 15 克,黄芪 35 克,煎汁适量,羊猪 1 次灌服。治气虚脱宫。

方 26　蓖麻子 50 个,捣碎,用醋调成糊状,贴在母马头上通天穴处(在额部、两眼窝正中间边线的中点上 1 穴)。宫缩回后,立刻将头上药糊洗去。

方 27　大田螺数个去盖取出肉捣碎,加入 1％～5％的冰片末调匀,先用消毒针刺破淤血水肿严重的组织,流出适量血水,然后涂上田螺肉。治猪子宫脱出肿硬疼痛不能缩回。

方 28　枳实或枳壳 100～150 克,益母草 250～500 克,

红糖 450 克。上药煎汤 3 次,每次加红糖 150 克,1 日 1 次,分 3 日灌服。治母畜子宫脱、阴道脱、肛脱、产后子宫出血及子宫复旧不全。

方 29　棉花根 50 克,枳壳 10 克,麦门冬 20 克。共研细末,水煎 30 分钟,候温灌服。

方 30　白矾 100 克,蓖麻叶适量,加水 2.5 升煮沸,待白矾完全溶解,候温以此汁洗净子宫,用拳头套在脱出的子宫角上,徐徐地推入子宫内复位。

方 31　地榆、槐角各 20～30 克,升麻、柴胡各 15～25 克,煎汁内服。用槐角、苦参各 20 克,白矾 15 克,煎汁熏洗子宫。

方 32　鱼骨(鲤鱼骨最好,烧灰存性)10 克,调花生油适量,涂擦脱出部分。

方 33　花椒 60 克加水 2.5 升,熬 20 分钟过滤,候温至 40℃,将脱出子宫泡于花椒水中反复浇淋轻洗,即显收缩反应,顺势推送归位,冰片 5 克研细抹于内壁。

方 34　田螺 200 克,捣烂取汁,白矾 5 克研细末,与芝麻油 30 克混合。将脱出部分用 0.1% 高锰酸钾水洗净,涂上药后整复,阴门作简单缝合。

胎衣不下

各种家畜正常分娩后自行排出胎衣的时间:马约 40 分钟 (5～90 分钟),牛不超过 12 小时(一般 4～6 小时),猪约 10～60 分钟,山羊约 2.5 小时,绵羊约 4 小时。超过上述时间胎衣仍不排出,即可认为胎衣不下。

【症　状】　胎衣完全不下时,可见到从阴门垂出的胎衣;部分胎衣不下时,可检查排出胎衣的完整性。马可向胎衣内注水检查胎衣有无破损,并看破裂处血管是否吻合,若不相吻合,或经阴道检查子宫腔发现残留胎衣,即可确定。若残留在子宫内的胎衣腐败分解,则病畜常拱腰努责,从阴道排出脓性恶臭的分泌物,体温升高。尤其是马全身症状重剧,易引起败血症。

【治　疗】　主要是促进子宫收缩,使胎衣排出。必要时可施行手术剥离。下列处方可供酌情选用:

方1　白糖300~500克,加水适量化开。大畜1次灌服,羊猪可用此量的1/5。

方2　大葱适量捣烂,加适量蜂蜜拌匀,敷贴脐部。如15分钟后未见效,可如法再贴。

方3　蛇皮15克揉碎加水。大畜1次灌服,猪羊可用3克。

方4　鲜益母草、鲜马鞭草、樱桃树枝各250克,当归65克,煎汁适量,加红糖250克。牛1次灌服。

方5　胡萝卜缨5千克,缓缓喂饲病牛。

方6　朴硝50克,当归55克,煎汁适量,加白酒150毫升。给牛1次灌服。治淤血性胎衣不下、胀痛不安。

方7　南瓜蒂500克,艾叶50克,红花30克,煎汁适量,加白酒150毫升。牛1次灌服。

方8　车前子、益母草各45克,研末,开水冲调,加白酒250毫升。牛1次灌服。治子宫淤血水肿胎衣滞留。

方9　鸡蛋10个,醋250毫升,混合。大畜1次灌服,小畜酌减。

方10　生蒲黄、五灵脂(酒炒)各250克,共研末,开水冲调。牛分3日服完。

方11　榆树根白皮45克,荷叶40克,王不留行35克,共研末,开水冲调。牛1日1次灌服,连服2日。

方12 榆树皮100克,胡麻子250克(盐炒),共研末,大畜1次开水冲调灌服。

方13 胡麻油150毫升,青盐35克,加水适量煎1小时,候温。牛1次灌服。治胎衣不下或缺乳。

方14 黑豆、菊花、益母草各65克,艾叶35克,蒲黄30克,红糖160克,共研末,开水冲调。马1次灌服。治虚寒淤滞。

方15 车前子40克,煎汁适量,加白酒150毫升。牛1次灌服,并用500克重的木块绑在露出的胎衣上,借重力促使胎衣脱落。

方16 鳖甲1个(约40克左右),焙焦存性研末,加黄酒30～50毫升,开水适量冲调。羊1次灌服,马牛用此量的4～5倍。治气血淤滞胎衣不下。

方17 凤仙子(急性子)、当归各15克,血余炭10克,龟板20克,共煎汁适量。羊或猪1次灌服,大畜用此量的4～5倍。能活淤血促进排衣。

方18 鲜荷叶1千克,煎汁适量,加红糖500克。牛马1次灌服,中小畜用量酌减。有清热补虚催衣作用。

方19 向日葵盘150克,益母草100克,煎汁适量。牛1次灌服,活淤消肿止痛催衣。

方20 刀豆荚100～120克,煎汁适量。马1次灌服,中小母畜酌减。行气催衣。

方21 黄芪、益母草各100克,车前子200克,上药煎汤,候温加黄酒200毫升。大畜1次投服。

方22 川牛膝50克,冬瓜子500克捣烂,共煎汁,候温牛1次灌服。

方23 天山雪莲5个(干品),加常水2.5升,煎至2升,去渣候温,牛1次灌服。

方24 车前子200～500克炒至鼓起,用开水冲调,加冷水适量,白酒为引,大畜候温灌服。

方25 鲜芡实3～5个,捣烂如泥,加温水适量。牛1次灌服。

方26 南瓜瓢500～800克,红糖250克,合煎煮沸15分钟,候温加白酒200毫升,牛1次灌服,每日早晚各1次。

方27 益母草100克,卷柏100～150克。共为末,开水调,候温大牛1次灌服。

方28 生蒲黄150～200克,研末加水,大牛1次灌服。

方29 斑蝥5～11枚,装入棕色瓶内,倒入适量的白酒浸泡备用。治疗时,将虫体取出放入瓦片或锅内烘干(色黄为度),去头、翅和足后研成粉,加白酒100～200毫升,牛1次灌服。每头患牛根据体重、强弱掌握药量,一般用药6～7小时后胎衣排出。

方30 羊耳血200毫升,采后立即给牛灌服。

方31 取塘底泥(天热时取井底泥)500～1 000克,倒在患畜百会穴(腰椎与荐椎结合部的凹陷处)。随后家畜出现不安、喜欢运动,30～60分钟,胎衣脱落。

方32 草木灰500～1 500克。用开水0.5～1.0升调成糊状,其热度约50℃,不要烫伤皮肤,贴敷在百会穴和会阴处,约1小时,胎衣即可顺利排出。

方33 大葱白、蜂蜜各100克,共捣为泥状,敷母牛脐部,用布兜起来。

方34 冬葵全草300克,捣碎加米酒200毫升调匀,大牛1次灌服。

方35 瓜蒌根150克,煎汁。大畜1次灌服。

方 36　全当归 150～200 克,川芎 75～100 克,加水煎汁。大牛 1 次灌服。

方 37　益母草 500 克,桃仁 100 克,加水煎汁去渣,加红糖 200 克,候温,牛 1 次灌服。

方 38　蛇蜕。大畜 15 克,猪羊 5 克,研末加水灌服。

方 39　花椒 50 克,以 3 升常水煎熬花椒至 2 升,除渣,冲调红糖 500 克,1 次灌服。

方 40　人头发 25 克,棕 100 克,共烧灰,用冷开水 1 升给牛调服。

方 41　益母草 120 克,五月艾、大蒜梗各 100 克。煎汁 500 毫升。大牛 1 次灌服,猪减量。

方 42　牛膝 6 克,芒硝、滑石各 12 克。煎汤候温,猪羊 1 次灌服。

方 43　病牛站立保定,选一直径 2 厘米、长 30 厘米木棍,将外露胎衣缠绕在木棍上,并用细绳扎紧,尔后两手分别握木棍两端,开始向一个方向捻转,与此同时,将胎衣缓缓向外拉,边拉边转,即可分离胎衣。1 次不成时,隔 2～3 日重复 1 次。

乳房炎(乳痈)

【症　状】　常发于一个或两个乳腺。急性者发生很快,乳腺肿胀疼痛,泌乳减少或停止。乳汁呈黄色或粉红色,化脓性乳房炎有脓汁流出;触诊患部发热,疼痛变硬。病畜体温稍增高,食欲减少。有些临床症状发展很慢,但是乳汁却很快发生变化。

【治　疗】　中草药治疗可选用下列处方:

方 1　蒲公英 3 份,羌活 1 份。研末,油调匀敷患部,外用纱布或胶布固定,2～3 日换药 1 次,共用 2～3 次。

方 2　新鲜蒲公英 500 克,鲜萱草根 500 克或通草 30 克,共捣碎,开水冲调,候温。大畜 1 次灌服,中小畜酌减。清热消炎解毒消肿通乳。还可以鲜蒲公英作饲料。

方 3　蒲公英 65 克,连翘 60 克,金银花 35 克,共研末。混入猪饲料中饲喂。有消肿降温止疼作用。

方 4　金银花 35 克,蒲公英 120 克,王不留行 35 克,共研末,开水冲成稀糊。猪每日喂 1 次,连喂 4 次,马牛用此量的 3～4 倍。有消炎通乳作用。

方 5　瓜蒌 120 克,露蜂房 25 克,土贝母 20 克,煎汁适量。马 1 次灌服。

方 6　白芷、土贝母各 15 克,瓜蒌根 10 克,共研末,开水冲调。羊 1 次灌服,大畜用此量的 3～5 倍。

方 7　露蜂房 35 克,蒲公英 500 克,紫花地丁 100 克,共研末,开水冲调。牛 1 次灌服,中小畜酌减。

方 8　南瓜藤 100 克,瓜蒌根 90 克,通草 20 克,共煎汁适量。牛 1 次灌服,中小畜酌减。

方 9　雄黄 65 克,樟脑 60 克,冰片 7 克,共研细末。用熟猪油配成 20% 软膏,取膏适量贴于乳房患部。

方 10　鹿角霜 35 克,蒲公英 40 克,皂刺 20 克,煎汁适量,加入黄酒 30 毫升。羊 1 次灌服,药渣捣细,外敷乳房肿疼部。治乳房肿疼,乳汁不出。

方 11　马齿苋 70 克,赤小豆 60 克,冬瓜皮 50 克,煎汁适量。猪羊 1 次灌服,另用马齿苋、赤小豆各适量捣烂敷患部。

方 12　三颗针皮 20 克,萱草或黄花菜根 25 克,煎汁适量。猪 1 次灌服,另用鲜萱草根适量捣烂敷于乳房肿疼部,干即更换。治乳痈硬肿热疼,乳汁不通。

方13　丝瓜络 50 克,野菊花 30 克,大蓟 25 克,煎汁适量。羊 1 次灌服。

方14　葛根 40 克,苦参 35 克,炙山甲 50 克,共研细末,开水冲调。驴 1 日 1 剂灌服,药渣加生葱 150 克捣烂敷于患部。治乳房硬肿发烧。

方15　每日灌服自己的奶 300 毫升,用 20% 食盐水温敷乳房,1 日 3 次。治母马乳房肿硬初期。局部增温的用大黄末 100 克,加 4～6 个鸡蛋的蛋清调膏外敷。

方16　鲜菊花根茎叶 150 克,煎汁适量。羊 1 日分 2 次灌服,药渣捣烂敷乳房肿疼部。

方17　珍珠菜(狼尾巴花)25 克,黄芩 20 克,夏枯草 15 克,煎汁适量,羊 1 次灌服,药渣加葱 150 克捣烂贴乳房。

方18　万年青根 150 克,捣碎,贴乳房肿部。

方19　鲜仙人掌(去刺)捣烂。贴乳房肿部,干即更换。

方20　梨树叶熬膏,贴乳房肿硬部。

方21　牛蒡子叶 35 克,水煎。羊 1 次灌服,大畜服此量的 3～5 倍。治乳房热肿。

方22　蒲公英、银花藤,猪各用 60 克,牛各用 120 克,水煎,加白酒 30～50 毫升,每日灌服 1 剂,连服 2～3 剂。

方23　橘子核 15 克,捣烂煎汁适量。猪每日 1 次灌服。

方24　地丁草 35 克,板蓝根 20 克,炙甘草 10 克,煎汁适量。羊 1 次灌服,大畜用此量的 3～5 倍。

方25　漏芦(独花山牛蒡)20 克,瓜蒌 25 克,土贝母 20 克,煎汁适量。羊 1 日 1 次灌服,大畜用此量的 4～5 倍。治乳房肿硬疼痛、乳汁不下。

方26　慈姑 20 克,胡桃肉 80 克,共捣烂,开水冲调。猪 1 次灌服。

方 27　香附(研末)15 克,生蒲黄 20 克,开水冲调。羊 1 次灌服。治乳痈肿痛。

方 28　刘寄奴 50 克,白凤仙花全草 20 克,煎汁适量。羊 1 次灌服。

方 29　葱白 500 克,捣烂拧汁,加白酒 40 毫升。羊每日 1 次灌服,大畜用 3～5 倍量。外用麦芽煎汤温浴乳房。

方 30　芫荽 250 克,捣烂拧汁,加酒 50 毫升。猪 1 次灌服。治乳房肿硬初期轻症。

方 31　干蚯蚓 15 克,生花生仁 70 克,共研末,加白酒 35 毫升,开水适量冲调。羊 1 日 1 剂灌服,大畜用此量的 5～6 倍。治乳痈红肿发烧。

方 32　金樱子根适量,煎汤熏洗乳房;再用鲜金樱子叶适量,捣烂贴敷患部,每日 1 次。治乳痈肿疼。

方 33　鲜韭菜开水泡后捣烂敷患部。

方 34　枸杞叶、醋糟等量,共捣如泥,敷贴于患部。

方 35　马齿苋 500 克,白矾 30 克,共捣烂,加醋调敷患部。

方 36　油菜叶适量,捣泥敷乳房肿部。

方 37　生烟叶或羌活适量,捣泥醋调敷乳痈处。

方 38　生松香研末或新鲜芙蓉花捣碎,白酒调敷乳痈。

方 39　鲜南瓜叶 150 克,黄柏 40 克,共捣烂加蜂蜜适量调敷乳房红肿部。

方 40　贯众适量研末,白酒调糊。遍涂乳痈肿处;已溃者只涂疮口周围。

方 41　露蜂房(炒存性)250 克,桑木炭(研末)500 克,五倍子(炒黑存性)250 克,混合研细,用香油适量熬浓,调上述药末敷患部,每日换药 1 次。治乳痈溃烂,日久不愈。

方 42　松、柏叶各适量,烧存性研末,净蜂蜜调敷患部。治乳痈溃烂。

方 43　凤仙花全草(切碎)35 克,糠谷老 30 克,鸡蛋 8 个,用香油 250 毫升炸枯,去渣。每次用适量涂于患部,1 日换 1 次。治乳痈溃烂日久。

方 44　食醋 1.5 升,食盐适量。混合煎沸,药液控制 40℃ 左右,患部热敷,每日数次,直到病愈。

方 45　蒲公英 2 份,仙人掌 1 份,捣烂外敷或水煎外洗,必要时可以内服。药量按患畜体质、炎症轻重决定。

方 46　香附 120 克,木通 60 克,均研末,奶牛、奶山羊开水调服。

方 47　大青叶 100 克,王不留行 50 克,石膏 100 克。共为细末,开水调服。治奶牛隐性乳房炎。

方 48　油菜籽 250 克,拌饲料喂。奶牛隔日 1 剂,3 剂为一疗程。

方 49　马蹄壳 1 个风干,磨滑表面。治疗时用火加热马蹄壳(约 40℃ 左右,手感热度能耐受)热敷乳房患部,冷了再加热,反复进行,每日早晚各 1 次,每次 15 分钟左右,连续 2 日。

方 50　蒲公英、紫花地丁各 500 克。鲜药捣绒挤汁,加白酒适量,加温 1 日 1 剂内服,连用 3 剂。渣对白矾少许敷患处。

方 51　苍耳子 100～200 克,煎汁 0.5 升,加黑糖 250 克,候温喂服。治猪急性乳房炎。

方 52　蒲公英 32 克,煎汁内服,同时将蒲公英捣烂涂患处。治兔乳房炎。

方 53　茄子把或南瓜蒂 1～2 个,烧成灰,给兔分 4 次服,2 日 1 次,用白酒 2 毫升冲服。

方 54 煅石膏 80 克,黄柏面 500 克,加淀粉用凉开水调(乳房炎后期可用油调)成糊状,分次敷兔乳房肿胀处。

方 55 山海螺加水煎服,同时捣汁涂患处。治兔乳房炎。

方 56 花椒水洗患处。治兔乳房炎。

不 孕 症

【症 状】 母畜发情不明显,性周期延长甚至不发情,或发情正常,但屡配不孕。

【治 疗】 中草药防治可选用下列处方:

方 1 胎衣数个烘干研末,每次取 25～30 克,加水适量,白酒 65 毫升。猪 1 日 1 次灌服。

方 2 益母草 100 克,煎汁适量,调入荞麦面 500 克。大畜 1 次灌服,每日 1 次。

方 3 淫羊藿 40 克,龟板、鳖甲各 20 克,水煎汁适量。牛每日 1 剂灌服,连服 1 周。

方 4 红曲 100 克,狗头骨(烧存性)60 克,小茴香 20 克,共研末,用益母草 120 克煎汁适量冲调。牛 1 次灌服。

方 5 淫羊藿 35 克,韭菜子 40 克,枸杞子 20 克,丁香 25 克,肉苁蓉 30 克,共煎汁适量。牛 1 次灌服。

方 6 硫黄 6 克,鸡蛋 5 个,温水适量调匀。猪 1 次灌服,在发情前连服数日。

方 7 桃树叶 2.5 千克,煎汁适量。大畜分 2 次灌服,1 日 1 次。治肥胖不孕。

方 8 狗脑子(焙干)1 个,小茴香 35 克,共研末,老葱根(切碎),黄酒 150 毫升,开水适量调匀。大畜 1 次灌服。

方 9 熟地 100 克,当归 45 克,白芍 40 克,山萸肉 35 克,共捣碎开水适量冲调。大畜 1 日 1 剂灌服。

方 10 败酱草 30 克,三颗针皮 25 克,茵陈蒿 20 克,煎汁适量。羊 1 次灌服。治子宫湿热不孕。

方 11 红花 15 克,金樱子 20 克,淫羊藿 30 克,共研末,加白酒 45 毫升。羊 1 次灌服,配种前半月 1 日 1 剂。治子宫气虚不孕。

方 12 经产母猪劁下的卵巢(焙存性)研末,每次 3～5 克,用艾叶 20 克煎汁冲调。猪羊 1 次灌服,配种前半月 1 日 1 剂。治天癸虚寒不孕。

方 13 蚕沙 12～36 克,生姜 12～46 克,煎汁内服。治各种动物不孕。

方 14 枸杞子 100 克,菟丝子 80 克,五味子 35 克,覆盆子 45 克,车前子 40 克,共研末。种公畜 1 日 1 剂灌服。公马牛配种前连服半月。治公畜髓少精虚不孕。

无乳及泌乳不足

【症 状】 母畜在产后及泌乳期中,由于乳腺机能异常,可发生无乳和泌乳不足。多见于初产母畜。乳腺发育不全,内分泌腺机能紊乱,患全身性疾病,尤其是热性传染病时,也可能发生本病。

【治 疗】 中草药治疗可选用下列处方:

方 1 生南瓜子 150 克,捣烂如泥,加白糖 300 克,温开水冲服,牛每日 1 剂,连服 3～5 日。

方 2 豆腐 1.5 千克,红糖 250 克,米酒 150 毫升。加水煮沸。马每日 1 次喂服。连喂 5 日。

方 3 小米 500 克,王不留行 35 克,熬粥,供畜自食。

方 4 川续断 50 克,生南瓜子 100 克,甘草 65 克,共研末,另用猪蹄两个熬汤适量冲调。马 1 次灌服,中小畜酌减。

方 5　茯苓 20 克,通草 15 克,党参 40 克,共煎汁适量。羊猪产后 1 日 1 剂灌服,至乳多为止。

方 6　王不留行 20 克,炙穿山甲 15 克,研末,用鲫鱼 250 克煮汤适量调药。羊猪产后 1 日 1 剂灌服,连服 7 日。大畜用此量的 5～6 倍。

方 7　赤小豆 250 克,糯米、白糖各 150 克,加水煮成稀粥。羊每日 1 剂灌服,产后连服 10 日,大畜用此量的 3～5 倍。

方 8　生莜麦面 150 克,黑芝麻 20 克,玉米须 40 克,加水熬粥。羊 1 日 1 剂灌服,连服 7 日。

方 9　生花生仁 65 克,干地龙 10 克,共研末,用益母草 100 克煎汁冲调。羊 1 次灌服,大畜服此量的 3～5 倍。

方 10　南瓜子仁(研末)200 克,加鸡蛋 8 个,温水适量调匀。马产后 1 日 1 剂灌服,中小畜酌减,驼加倍。

方 11　结子老莴苣(莴笋)5～8 个,切碎加水适量煮熟,加白糖 150 克。连渣给驴 1 次灌服,牛用此量的 2 倍。

方 12　葫芦巴 15 克,丝瓜 70 克,黄芪 50 克,煎汁适量。猪 1 次灌服。

方 13　生黄芪 400 克,木通 200 克。上药煨猪蹄 1 只至猪蹄熟烂,以汤汁喂服。牛马每次喂 1.5 升,每日 2 次,连喂 3 剂。

方 14　黄豆加水煮熟后,加红糖适量,候温饮喂,按家畜酌量,每日 1 次,连用数日。

方 15　鲜蒲公英 1.5～2.5 千克。洗净切碎喂奶牛,每日 1 次,连喂 10 日。

方 16　党参 50～150 克,通草 30～100 克。煎汁加甜酒适量,给牛、猪灌服。

方 17　生花生仁 500 克,捣碎磨浆,大畜 1 次内服。

方 18　天仙子(救牙子、莨菪子)5～10克,装入 1 个猪膀胱中,另加鸡蛋 9 个共煮。弃去天仙子和膀胱,鸡蛋和汤饮喂母猪。

方 19　贝母、知母、牡蛎各等份,共为细末。大畜每服 100克,小畜每服 10 克,用猪蹄 1～2 个熬汤调服。

方 20　将母猪 1 胎产仔的胎衣洗净煮熟,加少量食盐拌精料,喂缺乳母猪。

方 21　鲜虾 250 克捣烂,鲜无花果 200 克,甜酒 200 毫升,加水共煮。分 2 次喂猪,1 日 2 次,连服 2～3 日。

方 22　葵花盘 130 克,黄豆 250 克,加水 3 升,煮 1 小时后去葵花盘,用汤和黄豆喂猪。

方 23　猪蹄 2 只,加水炖烂后加入鲜无花果 100 克或通草 10 克,鲜王不留行 200 克(干品用量 1/4),再用微火煨半小时。猪 1 次服用。

方 24　猪蹄 1～4 只粗切,加水 2 升煎煮至 0.5 升,和等量或加倍量豆浆 1 次内服。治各种家畜缺乳。

方 25　莱菔子、黄豆各 500 克,加水煮熟拌食喂猪。

睾丸炎

【症　状】　急性者肿胀明显,局部较硬,有热痛。病畜精神不振,严重者体温升高,化脓性者可有局部波动,破溃时流脓,往往形成瘘管,此时精神沉郁,食欲减少。由于睾丸发炎肿胀疼痛,病畜两后肢叉开,不愿行走,或后肢跛行。慢性者睾丸呈硬固性肿胀,疼痛不明显,无热。

【治　疗】　中草药可选用下列处方:

方 1　老丝瓜 100 克,橘核 60 克,小茴香 55 克,水煎两次混合约 1.5 升,加白酒 100 毫升,大畜每日 1 次灌服。药渣加葱根 50 克,蒜辫子 50 克,花椒 15 克,大黄(打碎)100 克,煎汁 1 盆,每日早晚各洗阴囊 20～30 分钟,患部发热的将药液晾凉洗,患部发凉的将药液温至 40℃洗。

方 2　萹蓄 70 克,地肤子 80 克,玉米须 30 克,荔枝核 60 克,共研细末,开水冲调。大畜 1 次灌服,中小畜酌减。治阴囊软肿。

方 3　葫芦壳 50 克,槐角子(即槐豆,炒香黄)35 克,八角茴香(炒焦)10 克,共研细末,加水适量煎开 15 分钟,羊 1 次灌服。另用槐枝 200 克,葱头 200 克,煎汁温洗患部,每日 1～2 次。治睾丸或阴囊肿疼。

方 4　鲜马齿苋 700 克,鲜车前草 500 克,煎汤适量,调入葫芦巴(醋炒研末)60 克,加白酒 100 毫升。大畜 1 日 1 剂灌服;药渣加白矾 50 克煎汁温洗患部,每日 1～2 次,5 日为一疗程。治睾丸肿胀、柔软不烧。

方 5　橘核 10 克,槐花 5 克,食盐 1.5 克,共研细末,加白酒 60 毫升,开水冲调。羊猪 1 次灌服,连服 5 日为一疗程,大畜用 5～8 倍量。治精索或睾丸硬肿疼痛。

方 6　淡豆豉 15 克,石菖蒲 20 克,共炒焦研末,加红糖 35 克,白酒 60 毫升,开水适量调匀。羊猪 1 次灌服,连服 5 日为一疗程,大畜用此量的 5 倍。治睾丸肿胀偏坠疼痛。

方 7　茄子蒂 20 个,菊花根 50～100 克,共煎汁 1.5 升,加白酒 100 毫升。大畜 1 次灌服,视病情轻重每日 1～2 次,连服至愈。药渣温敷阴囊。治阴囊睾丸肿疼或下坠。

方 8　羊角(炭火炙脆研末)20 克,鱼鳔(鱼泡)10 个,用微火焙干研末,红糖 15 克,共同加水适量。羊猪 1 次灌服。治睾丸肿疼,比正常稍硬,微烧或不发烧。

方 9　小茴香、葫芦巴各 15 克,桃仁 12 克,共研末,加白酒 20 毫升,开水适量调匀。猪羊每日 1 次,连服 5 日为一疗程。治阴囊睾丸冷肿疼痛,行走不便。

方 10　向日葵秆芯 5 克,地肤子 10 克,赤小豆 30 克,共同焙干研末,开水适量调匀。猪羊 1 次灌服,每日 1～2 次,5 日为一疗程,大畜用此量的 5～7 倍。治精索和阴囊软肿,疼痛无热。

方 11　椿树根皮(焙干)15 克,大茴香 5 克,陈醋炒樱桃核 15 克,共研末,开水适量冲调。猪羊 1 次灌服,每日 1～2 次,5 日为一疗程,大畜用此的 5～7 倍。治睾丸阴囊硬肿,疼痛无热。

方 12　葫芦子 5 克,陈韭菜子、苦楝子各 10 克,焙干共研末,开水适量冲调。羊猪 1 次灌服,每日 1～2 次,5 日为一疗程,大畜用 5 倍量。治精索肿疼下坠无热。

方 13　桃仁 15 克,连根葱白 25 克,大黄 10 克,新鲜猪睾丸 2 个,共煎汁适量。猪羊每日 1 次灌服,5 日为一疗程。治睾丸肿胀坚硬,局部热疼。

方 14　黄药子 10 克,西瓜皮(晒干)35 克,地龙(晒干)5～8 克,共研末,开水适量冲调。羊猪 1 次灌服。治阴囊肿胀柔软,局部发热疼痛。

方 15　向日葵盘 1 个,老韭菜 500 克,煎汁趁热熏阴囊,候温洗阴囊,每日熏洗 1 次。治阴囊睾丸肿胀疼痛,局部冷凉无热,不拘软硬。重者再用胡椒 15 克,生姜 20 克,鲜地骨皮 100 克,共同捣碎,加蜂蜜或香油调敷肿处。

方 16　葱根 5 份,花椒 3 份,苍耳子 4 份,白矾 6 份,共煎汁适量,加醋 25 份,调匀候冷,洗阴囊,每日 1～2 次。治各种公畜阴囊睾丸硬肿疼痛,局部温热。

方 17　全蝎 20 克,大黄 60 克,共研末,开水冲调,加黄酒 60 毫升。马 1 次灌服。治寒湿引起的慢性睾丸肿疼。

方 18 葫芦子 30 克,瓜蒌 40 克,灯笼草 60 克,共煎汁适量。马 1 次灌服,并用灯笼草煎汁熏洗阴囊,每日 1 次,5～7 日为一疗程。治受寒引起睾丸肿胀疼痛温热,不拘软硬。

方 19 蜘蛛 5～10 个,肉桂 15 克,干姜 5 克,共同焙干研末,开水适量冲调。羊 1 次灌服。治睾丸冷肿硬疼。重者并用此药研末香油调敷患部。

方 20 川楝子、茴香各 90 克,木香、吴茱萸各 30 克。共为末,开水冲调,候温。马牛 1 次灌服。

方 21 热退后可用 5%～10%食盐溶液,加热至 40℃左右温敷患部。

阳　痿

【症　状】　病畜精神沉郁,体瘦毛焦,腰及后肢不灵活,见母畜兴奋欲交而阴茎不举,或举而不坚,或坚而不久,一举即射。

【治　疗】　暂停配种,减轻使役。可选用下列处方:

方 1 生虾(晒干)100 克,韭菜子 60 克,小茴香 35 克,共研末。大畜每日 1 剂开水调灌,7 日为一疗程。

方 2 淫羊藿 20 克,菟丝子 15 克,研末,打入麻雀蛋 2 个,开水冲调。羊猪 1 次灌服,大畜用此量的 5～8 倍,连服数剂。

方 3 麻雀肉(焙干)30 克,蜂窝(露蜂房,焙干)20 克,蛇床子 15 克,共研末,开水冲调。羊猪 1 次灌服,连服数剂。治阳痿不举,或举而不坚,不能交配。

方 4 狗肾(狗阴茎和睾丸,晾干)1 个,制附子 25 克,淫羊藿 100 克,共研末,加黄酒 50 毫升,蜂蜜 50 克,开水冲调。

牛马隔日 1 剂灌服,5 剂为一疗程,治疗期间停止配种。治阳痿不举,缺乏性欲。

方 5　胎盘(同种家畜的胎盘,晾干)10 克,锁阳(焙干)25克,黄芪(焙干)20 克,共研末,加白酒 50 毫升,开水冲调。羊猪 1 次灌服,或混饲喂服。每日 1 剂,7 日为一疗程。治气虚阳痿,乏神无力,不显性欲。

方 6　羊外肾(羊睾丸晾干)2 个,肉苁蓉(焙干)60 克,韭菜、蛇床子各 50 克,共研末,加黄酒 100 毫升,开水冲调。马隔日 1 剂灌服,5 剂为一疗程。治阳痿不举,遗精尿频,腰肢乏弱。

方 7　蛤蚧 1 对,菟丝子、葱子、胡萝卜子各 50 克,研末,加白酒 100 毫升,开水冲调。马 1 次灌服,连服 7 剂为一疗程。治阳痿早泄,性欲不旺。

方 8　枸杞子 100 克,蛇床子 60 克,雄蜻蜓 25 个,共煎汁适量。牛 1 次灌服。治气虚血少阳痿。

方 9　全麻雀(去毛焙焦)5 个,阳起石(煅碎)4 克,共研末,加白酒 30 毫升,白米汤调冲。猪 1 次灌服,或混入饲料,隔日 1 次,5 次为一疗程。

方 10　虾、刺猬皮各 200 克。炒黄,研末,各种家畜每服13～60 克,每日 1 次。

方 11　韭菜子 2 份,鸡内金 1 份。共研末,各种家畜每服12～60 克,每日 1 次。

方 12　将牛尾 1 条去毛,切碎,与当归 20～60 克研末,同锅水煮,加盐适量,1 次灌服。适用各种家畜。

方 13　菟丝子 40～120 克,细辛 3～20 克。水煎服。用于各种家畜。

方 14　葫芦巴 10～60 克,巴戟 12～50 克。水煎服,每日

2次。用于各种家畜。

方15　核桃仁30～150克,枸杞子30～100克,覆盆子15～30克,竹叶6～20克。水煎服。用于各种家畜。

方16　大蒜20～60克捣烂,蜂蜜40～120克,酒20～100毫升,加水适量灌服。用于各种家畜。

方17　黄酒50～200毫升,苦瓜子(炒熟研末)15～100克,灌服。用于各种家畜。

方18　泥鳅(开膛洗净)200～600克,大枣(去核)10～20枚,生姜2～8片。加水共煮,以2碗水煮至剩一半即成,1次灌服。用于各种家畜。

方19　羊或其他动物睾丸2～4个切碎,骨头汤500毫升,姜、盐适量灌服。用于各种家畜。

遗精(滑精)

【症　状】　种公马狂叫不宁,见畜急扑猛行,阴茎勃起,未交即泄或不时遗精。公牛阴茎不举,一见母牛精液自流。日久精神不振,逐渐消瘦。不耐使役,对环境的适应性及抗病力都减弱。口色淡白,脉象沉细。

【治　疗】　中草药防治可选用下列处方:

方1　何首乌100克,乌贼骨50克,荷花蕊(莲须,晾干)30克,研末,开水冲调。马每日1剂灌服,5日为一疗程。治气血亏虚,遗精滑精。

方2　金樱子50克,淫羊藿100克,共研末,加白酒100毫升,开水适量冲调。马每日1剂灌服,5日为一疗程。治体虚滑精早泄。

方3　五味子50克,龙骨100克,研末,开水冲调,候温,加鸡蛋5个,白酒100毫升混匀。牛马每日1剂灌服,5日为一疗程。治滑精,烦躁乏神,腰腿无力。

方4 无毛雏鸽1只,剖去肠胃,内放白胡椒15粒,焙焦研末,混入饲料饲喂,开水调灌亦可,猪体重75千克以上的服2只,75千克以下的服1只。治寒虚滑精。

方5 刺猬皮(焙干黄)15克,黄酒30毫升,开水冲调。羊每日1～2次灌服,5日为一疗程。治交配过度而滑精。

方6 鲜公鸡肝(或公鸡肝阴干研末)2个,肉桂(研末)10克,龙骨(研末)25克,共捣碎烂,开水冲调候温。猪羊1次灌服,或混饲料中喂,隔日1剂,5剂为一疗程。治肝肾虚寒遗精早泄。

方7 黄柏15克,莲子50克,共研末,混入饲料中。猪每日1次吃下,5日为一疗程。治肾阴虚滑精,阴茎易勃起。

方8 糯稻米、荷叶各100克,芝麻20克,共研末。混饲料中喂。羊猪每日1次吃下,5日为一疗程。

方9 糯稻根200克,金樱子、白茅根、灯芯草各60克,共煎汁适量,加白糖40克。牛每日1剂灌服,5日为一疗程。治肾阴亏虚,下焦湿热,滑精白浊。

方10 莲子100克,鸡内金40克,白芍50克,甘草60克,共研末,开水冲调。马牛1日1剂灌服,5日为一疗程。治心脾肾气虚滑精。

方11 分心木(即核桃仁的木质种隔)45克,韭菜子50克,山药150克,共研末,开水冲调候温。驴每日1剂灌服,5日为一疗程。治脾肾气虚滑精。

方12 菟丝子30～100克,各种家畜煎汁内服。

方13 柿蒂12～100克,枣仁24～50克,百合20～80克。各种家畜水煎服。

方14 藕节、荷叶、莲须各20～80克。各种家畜水煎服。

方 15　丝瓜花 6～40 克,莲子 30～100 克。各种家畜水煎服。

方 16　刺猬皮 2 个,甘草 20 克,共研末,每服 5～30 克。黄酒 50～100 毫升调服。用于各种家畜。

方 17　石榴皮 12～80 克,五加皮 10～60 克,各种家畜水煎服。

方 18　扁豆叶 12～80 克,藕 100～300 克,各种家畜水煎服。

方 19　黑豆 30～200 克,青蒿 30～80 克,炒干研末,各种家畜内服。

方 20　油菜子 12～100 克,川楝子 15～50 克,共研末,各种家畜调服。

方 21　白果(银杏)仁 12～70 克,研末,和鸡蛋 1～6 个。各种家畜内服。

方 22　韭菜子 30～100 克,焙干研末,开水冲调加白酒 50～150 毫升灌服;或韭菜子 25～100 克,大米 50～200 克,研末开水调服;或韭菜子 30～100 克,补骨脂(破故纸)30～50 克,共研末,开水调服。适用各种家畜。

方 23　核桃仁(研碎)60～150 克,红糖 50～150 克,白酒 50～100 毫升,加水适量。各种家畜调服。

方 24　荷叶 20～80 克(鲜品加倍),研末米汤调服。适合各种家畜。

方 25　芡实 20～50 克,莲子 20～80 克,大米 50～200 克,共研末,开水调服。

方 26　羊肾 1～4 个,羊鞭 1～2 条。切片焙干研末,各种家畜调服。

阴茎麻痹（垂缕不收）

【症　状】 阴茎脱出包皮之外，不能收回。有的排尿困难，但一般排尿正常。尿后阴茎不缩。有的包皮浮肿。日久阴茎变为黑色或外结痂皮，重则坏疽。脉迟细，口色暗淡无光。为了确诊，要检查包皮、阴茎有无瘤体组织生长。若有伤痕，则为外伤所致。还要询问是否由于阉割感染所引起。

【治　疗】 可试用下列处方：

方 1　鲜金樱根 250 克，鲜松针 200 克，生枳壳 150 克，共水煎两次约 2.5～3.0 升，马每日早晚各服一半，5 日为一疗程；并外用花椒 50 克、白芷 65 克、防风 60 克煎汁熏洗阴茎，每日 2 次。治肾虚精亏感受风寒所致的阴茎不收。

方 2　当归尾 35 克，川楝子 60 克，水菖蒲根 100 克，鹿蹄草（鹿衔草、破血丹）50 克，煎汁适量，马每日早晚各服一半；另用葱白、白芷、花椒、薄荷、艾叶、防风各 60 克，煎汁熏洗阴茎，每日 2 次。治肝肾虚寒、气滞血淤、阴茎麻痹。

方 3　升麻 25 克，续断 60 克，防风 30 克，红花 20 克，研末开水冲调，驴每日 1 剂灌服；另用白芷、生姜各 20 克，艾叶、葱白各 30 克，捣碎用蜂蜜调成软膏敷于阴茎上一层，纱布包扎，敷药前先用温水洗净阴茎。上述方法 5 日为一疗程。治交配过度受风所致的阴茎不收。

方 4　鳖头（焙干）5 个，党参 100 克，蛇肉（焙干）15 克，共研末，开水冲调候温，马隔日 1 剂灌服；每日用防风、薄荷、艾叶、花椒各等份，煎汁熏洗阴茎。治肾脾虚寒受风所致的阴茎不收。

方 5　肉苁蓉 100 克，菟丝子 50 克，炒杜仲 35 克，黄芪 60 克，共研末，开水冲调，加白酒 60 毫升，驴 1 次灌服；另用白矾 100 克、红花 300 克、薄荷 35 克,煎汁熏洗阴茎。治肝肾虚损、宗筋弛缓。

方 6　桃仁 25 克,红花、地龙各 30 克,土鳖虫 20 克,马钱子(油炸黄)3 克,共研末,开水冲调,1 次灌服;外用葱根、蒜瓣、艾叶、花椒各 30 克,煎汁熏洗阴茎,每日早晚各熏洗 1 次。治驴配种受风、淤血阻络、阴茎不收。

方 7　脱垂部分用温水清洗净,除去痂皮。若过分肿大,用乱针刺流出血水后,涂抹辣酒液(辣椒 30 克,酒精 100 毫升浸泡 48 小时,临用时加温至 30～40℃)。每日 1 次,一般连用 2～3 次。

方 8　田螺 15～20 个去壳取肉,加冰片 2 克,约半小时可取汁备用。临用时,先将患处用艾叶煎汁洗净,再涂米醋,然后用田螺冰片汁外涂,让其收缩复位,严重者可配合手术整复。

方 9　鲜黄鳝皮 1 条,浸生菜油数分钟备用。阴茎常规消毒,用黄鳝皮包裹阴茎,便能充分滑润;使阴茎易还纳。

方 10　荆芥 150 克煎汤,候温热敷患部,然后点燃艾叶烟熏,每日数次。

方 11　鲜葱 1～2 份切碎,拌入蜂蜜 4～6 份,涂患部。

方 12　用淡茶水将阴茎洗净后,将 2 份韭菜切细揉烂加蜂蜜 1 份拌匀,涂抹阴茎部,每日 1 次,连用 2 次。

第九章　传染病对症治疗土偏方

众所周知,各种家畜家禽传染病,特别是烈性传染病、法定传染病的预防、扑灭,必须坚持预防为主的方针,坚决贯彻

《中华人民共和国动物防疫法》,靠现代防疫卫生手段实施.土偏方在群体兽疫防治方面,针对病原体的经验较少,这里仅介绍一些有治疗价值的非烈性传染病对症治疗的土偏方,应结合防疫卫生制度参考试用.

流行性感冒(流感)

【症　状】　病情急剧,体温高达 40～42℃,结膜充血、肿胀,流眼泪,鼻流浆液,呼吸困难,肌肉酸疼,步态不稳或跛行.有的牛往往在病的后期瘫痪.

【治　疗】　隔离治疗,搞好场地、圈舍消毒,一般能自愈.大畜治疗可选用下列处方:

方 1　绿豆 500 克,鲜白茅根 2.5 千克,加水 50 升煎汤.牛 2 次饮用完.

方 2　绿豆 500 克,金银花 120 克,水煎汁.大畜 1 次灌服.

方 3　生姜 60～120 克,甘草 120 克,共为细末,加水 1 升,醋 0.5 升.大畜 1 次灌服.

方 4　大葱 9 棵,黑豆 90 克,生姜 30 克,水煎汁.大畜 1 次灌服.

方 5　大蒜 5～8 头捣烂,用白酒 120 毫升调和,加温水 2.5 升,大畜 1 次灌服.

方 6　瓜蒌 2 个,捣碎煎汤.大畜 1 次灌服.

方 7　苏叶 120 克,葱白、大蒜各 60 克,姜片 24 克,水煎汁.大畜 1 次灌服.

方 8　大葱 250 克,白矾 30 克,捣碎混合,温水调匀.大畜 1 次灌服.泌乳期忌用.

方 9　白矾 35 克研末,加 5～8 个鸡蛋的蛋清,用水调匀。大畜 1 次灌服。

方 10　紫皮蒜 5 头,去皮捣为蒜泥,鲜姜 70 克,捣为姜泥,混合后用开水冲调,大畜 1 次灌服。

方 11　生姜 120 克,紫苏 100 克,葱白 7 根,茶叶 30 克。将上药加水 4 升,煎沸取液 3 升,候温牛 1 次灌服,每日 1 剂,连服 2 日。

方 12　谷子 100～250 克,浮萍 70～150 克,黄蒿 100～200 克。共为细末,开水调服。治各种家畜流感。

治猪流感选用以下各方:

方 13　鸡蛋 1～2 个,取蛋清 1 次肌注。

方 14　生姜 31 克,大蒜 62 克(捣烂),松树叶 120 克,水煎汁。每日服 2 次,连服两日,仔猪减半服。

方 15　葱白 62 克,生姜 31 克,食盐 15 克,水煎汁。1 次灌服。

方 16　贯众 62 克,水煎汁。分 2 次服。

方 17　芫荽根 62 克,雄黄 6 克,葱白 62 克,生姜 3 片,水煎汁。白酒 62 克为引,1 次灌服。

方 18　冰糖 120 克,谷子 250 克,大葱 3 根,水煎汁。1 次灌服。

马腺疫(喉骨胀)

【症　状】　本病由腺疫链球菌引起,多见于幼畜。发热,咳嗽,鼻流脓涕,槽口生疙瘩,触之热痛,破溃后,流出黄脓液。重者槽口肿满,呼吸困难。

【治　疗】

方 1　手术疗法:疙瘩(即下颌淋巴结)发软,里面已成脓,可切开脓肿,深度以达到疙瘩中心为度,排脓后,用酒冲洗。

　　术后可将阿胶压碎与红糖以1比2的比例混匀,撒入创口。

　　方2　活地龙50克,白糖120克,紫皮蒜100克,冰片6克,硼砂9克,共捣成膏,涂患部。

　　方3　白矾、雄黄、防风、生南星各等份,加冰片少许,共研末,用鸡蛋清调敷,干后再敷。

　　方4　银柴胡124克,三棵针93克,桑寄生155克,共研细末,用水调服。马骡驴1次93~124克,幼驹15~31克。

　　方5　荞麦或绿豆0.5~1.0千克,用水泡胀。马骡驴1次喂服,连喂数日,幼驹酌减。

　　方6　雄黄、白及、白蔹、龙骨、大黄各等份,共研末,醋调外敷。

　　方7　黄柏50克,冰片少许,共研末,水调为粥状,涂患部。

破伤风(锁口风)

　　【症　状】　病初个别肌肉或肌群痉挛,表现耳眼不灵活,咀嚼、吞咽异常,逐渐发展到全身肌肉强直,行动僵硬,耳竖尾直,形似木马,牙关紧闭,吞咽障碍,呼吸困难而鼻孔张大,稍受惊扰即兴奋不安,全身颤抖,甚至汗出如油。多在数日内衰竭,窒息而死。

　　【治　疗】　可在伤口消毒处理后选用下列处方:

　　方1　大蒜1份,70%~95%酒精1份,混合密封浸泡15~30日,先用纱布滤去渣,然后用滤纸过滤,瓶装密封备用。大畜肌肉注射30~50毫升。

　　方2　取土蜂窝62克加水一大碗,煎至半碗去渣灌服;

如果牙关紧闭,剂量加倍。大畜1次灌服。

方3 威灵仙90克,大蒜(独头蒜更好)248克,菜油60克,同捣烂,热酒冲服,牛每日1剂,3～6剂为一疗程。

方4 公驴蹄心焙成黄色,压成面,每次30克,以黄酒120毫升为引,大畜1次冲服,服药后发汗。

方5 雄黄、川乌各30克,压面,开水冲调候温。大畜1日1剂灌服,3日后可隔日1剂。创口配合防风10克,南星10克,研细,以烧酒调敷。

方6 刺猬(烧炭存性)15克,蝉蜕10克,穿山甲(炙黄)15克,熟附片30克,共加水煎2小时,得汁500毫升。猪100～150毫升,羊100毫升,马牛500毫升,1次灌服。

方7 葛根、乌蛇各120克,鸽子粪250克(焙)。共研末,分3次开水冲调,候温灌服。用于大畜。

方8 蝉蜕研细末,大畜200～300克,小畜50～100克,分别加黄酒300～500毫升和100毫升,与热水混匀灌服。

方9 槐米、蝉蜕、红糖各60克,黄酒400毫升,开水冲调,驴1次灌服。

方10 地龙、败酱草叶各等份。小牛每日用150～200克;中等体重牛250～400克;成年大牛500～750克。现取现用,清水洗净泥沙杂质,共捣烂,加清水1.0～1.5升,搅拌去粗渣,加米酒400～500毫升,1次灌服。

方11 豨莶草籽(干品)100克置瓦上焙黄研末,蜂蜜200克加热后除去表层白沫,共放入盆中,用黄酒0.5～1.0升徐徐冲泡药物,边冲边搅匀,候温灌服,轻者1剂,重者2剂。用于大畜。

方12 拇指粗细槐树枝1千克,剪成3.3厘米左右长短,水煎熬去渣,再放入黄酒500～700毫升,候温大畜1次灌服。隔日1剂,连服2～3剂。

方13　斑蝥7个去头,放入倒净蛋清只有蛋黄的鸡蛋里封口,摇动蛋使斑蝥粘上蛋黄,在火上焙干,研末,大畜隔日加水灌服1剂,连服3～5剂。

方14　蟾蜍4.7克,全蝎4.7克(酒炒),天麻52.7克,共为细末,鲜姜15.5克,大葱白5根共捣烂,加酒62毫升混合,开水冲调候温。大畜1次灌服。

方15　车前草60～90克,煎汁过滤,猪每次肌肉注射5毫升,如注射时混入鸡蛋清5毫升,效果更好。或将车前草给病猪连吃10日。

方16　槐(黑槐)枝汁(将约1厘米粗的1年生槐枝截成30厘米长数根,置慢火上烧烤中间段,使枝条两头的汁水滴入碗内)5毫升,加水20毫升稀释后给体重15千克左右的猪灌服,每日3次,连用3日。大猪可适当增量。

方17　防风、细辛、牙皂、藜芦各等份,共为细末,取4克吹入猪鼻孔内。

方18　壁虎(守宫)2～3只,处死后加水800毫升,煎至500毫升给猪灌服,每日1剂,连服2～3日。

方19　香薷35～70克,切细煎汤,候温给大猪灌服。每日2～3次,连服2～4日。

方20　20%大蒜浸液(20克大蒜加100毫升生理盐水,浸泡7～24小时,过滤而得),25千克以下小猪,每千克体重静脉、深部肌肉各注射2毫升;25千克以上猪,静脉、肌肉各注射5毫升。

放线菌病

【症　状】　牛多在颊部,有时在下颌骨、舌头、颈部皮肤发病,患部硬肿是其特征。疼痛,化脓破溃后流出浓稠白色脓液,并形成瘘管,猪常在乳房发病,引起乳房硬肿。

【治　疗】　在切开患部并除去坏死组织,塞入浸有 5% 碘酊的纱布后选用下列处方:

方 1　砒石 2 份,樟脑粉 1 份,混合,加水少许,掺入适量面粉调成糊状,搓成比鼠屎稍大的药丸,阴干,装瓶备用。已破溃者,从伤口塞药 1～2 丸;未溃者,从肿块中间开 1 小口,向下方塞药 1～2 丸,以防药丸流出。

方 2　砒石、雄黄、轻粉各 2 份,混合研细,与飞罗面 4 份和匀,加水适量,制成枣核大小的药丸,阴干装瓶备用。用时在肿块上方以大宽针向斜下方刺进 3～4 厘米(不刺穿对侧皮肤),用 0.1% 高锰酸钾溶液冲洗后,再用镊子夹药丸 1～2 粒,从针口放入肿块内。

方 3　砒石 46 克,明矾 93 克,共为细末,铺罐底,将罐架炭火炉上煅烧至青烟已尽,白烟旋起,约数分钟时,罐底药物即上下红彻,将罐移置地上,经过一夜,取出罐中药物研细,约有砒石净末 31 克,加入雄黄 7 克,乳香 4 克再共研细末,以厚糊调稠,搓成比鼠屎稍大的丸,阴干装瓶备用。用时见肿胀处有孔者,向孔内插入药 1 丸;无孔者,开 1 孔窍,插入药 1 丸。

猪肺疫(猪巴氏杆菌病)

【症　状】　急性病例可能突然死亡或仅见一般败血病的症状,体温可达 41.5℃ 左右,经数小时或日内倒毙。典型病例在出现上述症状后不久,咽喉部急剧红肿热痛,炎性水肿迅速扩及下颌,叫声嘶哑,呼吸困难,病猪呈犬坐姿势,张口伸颈,喘鸣有声,口鼻青紫并流出白沫或清水,粘膜发紫。耳根、颈腹部有出血性红斑,多在一二日内窒息死亡。亚急性胸型病例,全身败血症状发展较慢,咳嗽流鼻液,逐渐出现胸膜肺炎症状,呼吸时痛苦呻吟,气喘,口色发青,胸部有压痛,肺部听诊肺泡呼吸音粗厉或消失,有罗音或摩擦音。后期拉稀,经3～8日衰竭或窒息而死。慢性型多由上型转来,长期咳嗽气喘,拉稀,消瘦,皮肤发生出血点,有的发生关节肿胀,经3～6周死亡,不死者成为僵猪。

【治 疗】 可选用下列处方:

方1 蟾蜍1只,生姜15克,共捣烂,加醋62毫升。冲服,1日1次。

方2 蒲公英、芦苇根各31克,白矾15克,捣碎加水灌服。

方3 花椒、白矾、薄荷各9克,蒲公英根少许,捣碎混合洗颈部。

方4 白矾15克,白糖、蜂蜜各31克,鸡蛋3个(用蛋清),蚯蚓3条,混合捣碎。1次灌服。

方5 癞蛤蟆1只,放入茶缸倒上水,在太阳下晒四五小时,取出癞蛤蟆,将水给猪饮下,第二天灌醋500毫升,第三天灌少量姜水。

方6 病猪尾巴切小口,夹麦粒大蟾酥1块置入,布条包扎。

方7 枯矾、青黛各15克,冰片3克,硼砂9克,装入猪苦胆阴干,急用时焙干研为细末,多次吹入喉中。

方8 新鲜地龙50条,在新瓦上焙干,加雄黄、冰片各6克,共研末,用生大黄62克煎汁调药,分2～4次服完。

方9 三棵针、细茶叶各31克,甘草15克,煎汁1碗灌服。

方10 板蓝根200克煎汁,加大蒜泥50克,雄黄末15

克,2个鸡蛋的蛋清调服。

方 11　螳螂 2 个,蟋蟀 1 个,人中白 6 克,射干 60 克。将药焙干研末,混匀后,每次取 5～10 克吹喉内。1 日 2 次。

方 12　紫草 100 克,青黛 50 克,蒲公英 200 克,冰片 1 克。上药共研细末,开水冲调,候温。体重 100 千克猪 1 次灌服。

方 13　六应丸 10～30 粒,金银花 10～30 克,板蓝根 10～30 克。上药共研末,开水冲调,候温灌服。每日 1 剂。

猪 丹 毒

【症　状】　本病主要由消化道感染,潜伏期 3～5 日。

败血型:病程急剧,体温 42～43℃,走路不稳,结膜充血。后期皮肤出现红斑,指压退色,死亡较多。

疹块型:初期精神不振,皮肤出现菱形、方形的红紫色疹块,以后疹块形成痂皮。

慢性:心脏衰弱,四肢关节发炎肿胀,有的常发生皮肤局限性坏死,久而变成厚的痂皮,经久不落。耳及腹部显青紫色,有时发生下痢。最后由于体质高度衰竭而死亡。

【治　疗】　可选用下列处方:

方 1　蒲公英 62 克,竹叶、薄荷、柳根各 31 克,煎服。

方 2　青蛙 5 个,柳树二层皮 1 把,蒲公英 1 把,共煎后冲白糖 93 克,灌服。

方 3　肌肉注射鸡蛋清,每次 1 个量,每日 2 次。

方 4　皂浴疗法:用火柴盒大小的肥皂 1 块,加水 1 桶,烧热化开肥皂,冷后边淋边用鬃刷反复擦洗病猪全身,直到满身起泡沫,泡沫越多越好,不要擦掉,使其自干,每日照样洗 3 次。

方 5　大蒜 31 克去皮洗净捣碎,加温开水 100 毫升,用消毒纱布过滤,肌肉注射过滤液,每次 20～40 毫升,每日 1 次,连续注射 1～3 次。

方 6　肌肉注射蚯蚓素(制法:蚯蚓 100 条,白糖 62 克,用清水洗净蚯蚓,放在过滤的 100 毫升凉水中,撒入白糖,浸泡 4～6 小时,等蚯蚓化完,过滤,密封,用蒸锅蒸 1 小时灭菌)。大猪 1 次 20～30 毫升,小猪 1 次 10～20 毫升,隔日 1 次。

方 7　鲜桑叶、桃叶、花椒叶(或花椒 30 克顶替)各 93 克,水适量煎汁擦洗全身。

方 8　大黄 31 克,生姜、马鞭草各 15 克,共研细末,加食盐 9 克,香油 31 克,调服。

方 9　蟾酥粉。体重 15～20 千克用 1 克;25～30 千克用 1.3 克;35～40 千克用 1.5 克。用酒几滴浸润,水调成糊状,涂于舌根上,每日 1 次,连用 2 次。

方 10　黄连、黄柏、丹皮各 5～12 克。煎汁灌服。

猪气喘病(猪支原体肺炎)

【症　状】　多为慢性经过。咳嗽,特别在早晚及剧烈运动和喂食时连续咳嗽。随病的发展而发生呼吸困难,表现为腹式呼吸和喘气,此时精神很差,食欲减少,身体逐渐消瘦。病情随天气的变化而时好时坏,晴暖天气静卧时不显病状,稍加驱赶、惊扰即引起剧烈咳喘,有时伸颈低头连咳数十声,直到咳出粘痰液,咳嗽时口鼻青紫。病期一二个月或更久,日益瘦弱。少数病猪病初体温稍有升高,病程较短,约 7 天左右,常衰竭和窒息死亡。

【治　疗】　可选用下列处方:

方 1　曼陀罗(叶、花均可)15 克,研末,用温开水调灌。

方 2　肌内注射 1～2 个鸡蛋的蛋清。

方 3　童便 10 份,葶苈子 1 份,浸泡 24 小时,拌食喂,每日 2 次,连喂 4 次,50 千克的猪 1 次喂 46～62 克,小猪酌减。

方 4　艾灰 31 克,枯矾 21 克,血余炭 15 克,蜂蜜 31 克,白萝卜子 9 克,混合煎汁服。

方 5　苦参糖浆:苦参 1 千克,糖 15 克,加水 6 升,煮煎至 2.5 升。每日早晚混料喂饲,15 千克重的猪,每次 20～40 毫升。

方 6　蚯蚓素注射(见猪丹毒方 6)。

方 7　大蒜 10～20 克,1 次喂服。

方 8　大叶桉或小叶桉的树叶适量,煎汁喂服。

方 9　桉叶、竹叶、枇杷叶各适量,煎汁喂服。或不煎直接喂猪。

方 10　蟾蜍洗净,剖腹除去内脏,腹内塞入新鲜完整鸡蛋(或鸭蛋)1 个,用线扎紧,再用黄泥巴涂裹包住,放入火中煨至蛋熟(不能用明火,否则会爆裂)。然后将蟾蜍连蛋壳一起剥开弃去,将蛋给患猪内服。每日 1 次,每次 1 个,连服 3～5 日。

方 11　鲜鱼腥草 250 克,放入沸水 2.5 升中煎至 2 升,1 次喂服。

方 12　黄豆适量放于陈久尿壶中,加水浸 24～72 小时,取出晾干。取 30～50 克,放入猪食中混喂,1 日 1 次,连喂 10 日。

方 13　黄花杜鹃枝 20 克,水煎取汁,拌料服用。每日 1 剂,连用 2 日。

方 14　麦冬 20 克,麻黄 10 克。粉碎混匀,体重 25 千克左右猪每日混饲喂 1～2 次,连用 5 日。

方 15 砒石、冰片、雄黄。上药按 1 比 1 比 2 的比例加少许面粉及水调匀,搓成稍大于绿豆的药丸,晾干备用。用时,以小宽针在患猪耳内侧、中间隆起皮筋上 1/3 处,由上向下穿刺入皮下,使其形成一个囊袋,然后放入 1 颗药丸,用胶布封贴。轻症埋植一侧穴,重症埋两侧穴。

仔猪白痢

【症 状】 本病是由大肠杆菌所引起的仔猪肠炎或败血症。大多发生于 20 日龄以内的仔猪,是哺乳仔猪和断乳仔猪的急性或慢性传染病,以下痢为特征。乳猪精神不好,体温无明显变化,有的体温稍升高,吃乳减少或停止。走路不稳,拉稀,粪便灰白色或淡黄绿色,甚至纯白色。后期肛门失禁,粪便气味腥臭,肛门周围及后肢沾有稀粪。逐渐消瘦而死亡。

【治 疗】 可选用下列处方:

方 1 大蒜 500 克,甘草 124 克,切碎后加入白酒 500 毫升,浸泡两日,混入适量的百草霜,分成 40 剂。每猪每日灌服 1 剂,连续 2 日。

方 2 马齿苋 31 克,加明矾、面粉,熬成糊状。喂小猪。连喂 3 日。

方 3 车前子 31 克,石榴皮 24 克,炒黄研末。混于饲料内,1 次喂母猪。

方 4 白头翁末 2 份,龙胆末 1 份,每头仔猪每日 1 次喂 6～9 克,连喂 2～3 日(喂法:用米汤或温开水将药调成浓糊,用左手食指、拇指将仔猪口角用力捏紧,猪自然张口,右手以小竹板探到舌后让其自动吞咽)。可配合红糖水饮服。

方 5 山楂、麦芽、陈皮各 2 份,酒曲 1 份,炒后研末混合,用米汤或温开水调匀。仔猪日服 1 次,每次 9 克。

方 6　木炭末 6 份,深层红土 1.5 份,蛋壳(研成细粉)适量,干饲料粉 2 份,研末混合。每日每头猪 5 克,加水灌服。

方 7　蒜苗(烧焦研末)适量,掺食喂小猪。

方 8　锈铁器放进饲料内同煮,将饲料喂母猪。治伴有贫血症状的哺乳仔猪白痢。

方 9　狗骨头(烧炭)研末。每日 1 次服 3～6 克,连服 2～3 日。

方 10　大蒜 1 头,柳条炭 1 捏,共捣碎开水调服。

方 11　南瓜根汁 3～6 毫升,喂饲。根汁采集方法:秋日于南瓜摘收后,先在南瓜根部施大粪数勺,3 天后将南瓜藤离根 1.5～2.0 米处切断,断端插入空瓶内,瓶口用布包裹,每天检查,汁液流满后,及时倒出,至瓜茎无汁液流出为止。

方 12　三棵针 18 克,问荆(节节草)12 克,辣蓼 62 克,煎汁。分 2 日服。

方 13　大蒜 18 克,三棵针 12 克,百草霜 31 克,共研末。母猪 1 次灌服。

方 14　苦豆子根熬成浓汁,抹在奶头上让仔猪舔食。

方 15　苦豆子 31 克,大蒜 62 克,马齿苋 250 克,蒲公英 62 克,共煎汁 3 次,总量 2 升。给 10 头仔猪混入饲料内喂饲。

方 16　鲜马齿苋洗净捣取汁,仔猪 1～3 汤匙(现用不储)。若系红痢,每 100 毫升药汁加黄连粉 30 克,若为白痢则加干姜粉 3 克,腹痛重者加白芍粉 3 克,里急后重者加木香粉 3 克。

方 17　老鹳草,每千克体重 2 克,每日 2 次,煎汤灌服。

方 18　白头翁按每千克体重 5 克,加适量常水煎煮,去渣候温,供母猪自行饮用。如果仔猪能吃食,让仔猪自饮,直接治疗。

方19 瞿麦 250 克,加水适量煎汤去渣,让母猪自饮,每日 2～3 次,当天用完。如果仔猪能吃食,让仔猪自饮,直接治疗。

方20 白胡椒、大蒜各 1 份,百草霜 2 份。研末混合。1 日 2 次,每次 5 克内服。

方21 大蒜泥、草木灰水各适量。混合均匀喂猪。1 日 3 次,每次 5～7 毫升。

方22 石榴皮、陈皮各 2 份,枯矾、白矾各 1 份,焙枯研末,水调喂服。每头每次 3 克,每日 1～2 次。连服 1～2 日。

方23 活地龙用清水反复冲洗干净,再按地龙、白糖 1 比 1 的比例拌匀,加盖浸渍,12 小时后溶为液体,装瓶放在锅中隔水煮沸 30 分钟。每次口服 10～20 毫升。

方24 金银花 120 克,车前草 50 克。煎汁分 2 日喂母猪。

方25 野棉花根 250 克,加水适量煎汁。每剂分 2 次拌食饲喂母猪。

方26 苦参、老鹳草各 60 克,水煎 2 次药液,合并浓缩至 20～30 毫升。每头仔猪每次 2～3 毫升灌服,日服 2 次。

方27 苍术 500 克,加水煎煮 2 次,药渣与药液混合一起给大母猪饲喂。

方28 茶叶、乌梅各 500 克。水煎 3 次,合并药液浓缩成 500 毫升。每头仔猪口服 2 毫升,每日 1 次,连服 2～3 次。

方29 苦参 100 克,煎汁。分多次拌入饲料中喂哺乳母猪。

方30 地榆根 250 克,捣碎用水煎煮,其汁与红糖 250 克混合。让母猪与仔猪自饮。

方 31　白头翁、板蓝根、大蒜各 150 克。水煎 5 沸,混匀。分 5 次给母猪拌料饲喂。

方 32　白胡椒、大蒜各 1 份,百草霜 2 份,研末混合。1 日 2 次,每次 5 克,给仔猪内服。

方 33　仙鹤草 12～24 克,研末喂服。

猪病毒性胃肠炎(猪传染性胃肠炎)

【症　状】　少数仔猪初有轻热,呕吐,急剧腹泻及口渴,粪稀如水,呈灰白、淡黄或淡绿色,迅速脱水消瘦,病程短的可在 48 小时内死亡,长的可延长 5～7 日。不死的也发育不良,增重迟缓。猪的日龄愈小,致死率愈高,随着年龄的增长,死亡率逐渐下降。成年猪或哺乳母猪感染后多无明显的临床症状。有的出现厌食、呕吐、腹泻、脱水、泌乳停止等症状,一般经 3～10 天痊愈。

【治　疗】　可试用下列处方:

方 1　马齿苋 62 克,水煎服。

方 2　生姜 31 克,白术 62 克,煎汁加红糖 100 克。1 次服。

方 3　食醋 250 毫升,1 次服。

方 4　鲜松树二层皮 300 克,鲜樟树皮 200 克,地榆 30 克,置锅内炒炭存性,加松木炭末 50 克,红糖 100 克炒片刻,加水适量煮沸,候温内服。

方 5　毛青杠 60 克,仙鹤草 40 克,煎汤。1 剂分 2 次内服。

方 6　大蒜 1～3 头捣泥,加食盐 5～10 克,混合加水,1 次喂服。

方 7　辣蓼 30～100 克(鲜草 100～200 克),煎汁内服。

方 8　马齿苋、忍冬藤、车前草各 63 克,煎服。

方 9　铁苋菜、地锦草、老鹳草各 60 克,煎服。

方 10　萹蓄、地榆、铁苋菜各 60 克,煎服。

痘　病

【症　状】　痘病是畜禽的一种急性热性传染病。其特征为全身中毒,典型的体温曲线及特殊的发疹。绵羊、山羊、猪、牛、马、犬、禽等都能感染本病,但症状各不一致。绵羊是全身症状,常为流行性;其他家畜仅有局部病变,缺乏全身症状。病初体温升高到 41.5～41.8℃,精神不好,不食或食欲减退,结膜发炎。不久在鼻、眼睑、唇、腹部出现红斑,后变为丘疹,再成水泡,以后变为脓疱,其表面呈脐状凹形,不久变成黑棕色的痂皮。一般经过良好,但如并发其他病可能引起败血症或脓毒血病而死亡。禽分为皮肤型和白喉型,皮肤型一般为良性经过,白喉型末期大多死亡。

【治　疗】　可选用下列处方:

方 1　花椒、艾叶各 10 克,大蒜 1 头,煎汁洗患处。

方 2　核桃 10 个,烧焦研细末,调清油涂擦。

方 3　紫草 30 克,水适量煎汁擦洗患处,也可煎汁内服,大猪 1 头或小猪 2～4 头 1 次服完,1 日 1 次。

方 4　黑豆、绿豆各 250 克,甘草 30 克,水适量煎汁内服。大猪 1 头或小猪 3～8 头 1 次服完。

方 5　芫荽子 30 克,红柳花 1 把,水适量煎汁内服。大猪 1 头或小猪 2～4 头 1 次服完。

方 6　野菊花 1 500 克,银花根、贯众、大青叶各 2 500 克,水适量煎汁。10 头大猪或 20～40 头小猪分 3 次服完。

方 7　冬竹笋头 30 克,阴干或焙干,蒲公英、干芦根各 15

克,水煎汁内服。大猪1头或小猪2~4头1次服完。

方8　野菊花9克,生甘草6克,薄荷6克,二花9克,水适量煎汁内服。大猪1头或小猪3~6头1次服完。

方9　生石膏15克,竹叶6克,枇杷叶8张,水煎汁内服。大猪1头或小猪2~4头1日1次服完,服数日。

方10　紫草30克,南瓜藤62克,紫花地丁15克,水煎汁内服。大猪1头或小猪2~4头1次服完,1日3次。服后如拉稀,可灌服广木香3克,拉稀即止。

方11　益母草12克,薄荷6克,水适量煎汁内服。大猪1头或小猪2~6头1次服完。

方12　绿豆30克,银花21克,鲜茅根46克,水适量煎汁内服。大猪1头或小猪2~6头分3次服完。

方13　生石膏40克,研细,加温水100毫升,去渣取汁,放入烟油15克,烧煮15分钟即可。用药液擦患部。

方14　麝香3~5克,以酒精500毫升溶解,过滤,装瓶密封备用。每只病羊皮下或肌肉注射1毫升。

方15　绿豆125克,黄豆、黑豆各62克,甘草15克,金银花31克,以上各药混合,水煎喂服。治猪、羊痘。

方16　明雄黄、白矾各2份,冰片1份,上药共研极细末,与陈醋按药醋3比1调合,外涂患部,每日1~2次。

方17　金银花、甘草、黄芪各10~20克,升麻5~10克,共研末,开水冲调,候温喂服。治猪、羊痘。

方18　葛根5克,紫草4克,苍术4克,黄柏4克,双花5克,蒲公英2.5克,甘草5克。上药混合水煎,取药液拌饲料让鸡自食。治鸡痘。

方19　鲜鱼腥草洗净作青饲料,每只鸡每日5克,分早晚喂给,连喂2日。

方 20　金银花、板蓝根、大青叶各 20 克。上药煎汤去渣喂服。每只每次 3～10 毫升。治鸡痘和鸽痘。

猪坏死杆菌病(花疮)

【症　状】　因发生部位不同分为不同类型：

1. 皮肤坏疽型(坏死性皮炎)　坏死病灶可发生于身体任何部位。病初患部皮肤微肿，后被毛脱落，伤口逐渐扩大，有的称"花疮"。后炎症向深部肌肉组织发展蔓延和坏死。病猪一般没有全身变化，个别有体温升高、食欲减少、运动缓慢的变化。

2. 坏死性鼻炎　在鼻软骨、鼻骨、鼻粘膜表面出现溃疡和化脓，还可蔓延到气管和肺，影响吃食和呼吸。

3. 坏死性口炎　多发生于仔猪群，唇、舌、咽和附近的组织发生坏死。病猪食欲不振，拉稀，逐渐消瘦，经 5～20 日死亡。

4. 坏死性肠炎　胃肠粘膜有坏死性溃疡，病猪出现拉稀、虚弱和神经症状，死亡率高。

【治　疗】　可选用下列处方：

方 1　豆油或各种植物油烧开后趁热灌于疮内，一般面积小的疮面 1 次能治愈，大的疮面要治数次。

方 2　用刀刮去坏死组织，再用陈石灰填充深的溃疡内。

方 3　雄黄 6 克，冰片 0.45 克，风化石灰 1.5 克(筛细，炒过)，混合研细，用炼过的菜油调敷患部。

方 4　枯矾 10 份，硫黄 15 份，干黄瓜叶(焙干)13 份，冰片 1 份，花椒(焙焦)5 份，共研细末，用炼过的植物油调敷患部。

猪水肿病

【症　状】　猪水肿病是由溶血性大肠杆菌引起的一种急性肠毒血症。主要发生在1～3个月龄的仔猪,尤其多发于断奶后1～2周内。猪突然发病。食欲不振,精神沉郁,眼睑水肿,水肿可达到鼻、耳、下颌、颈、胸,甚至全身。患部皮肤青紫,指压下陷。多数病猪体温不高。运步僵拘笨拙,有的有转圈运动。最后呼吸困难,全身冰凉,末梢发青,窒息死亡。病期约1～3日。

【治　疗】　可选用下列处方:

方1　赤小豆500克,商陆6克,大蒜6瓣,生姜10片,煎汁灌服。

方2　芒硝21克,大黄6克,混入饲料内分两次喂服。

方3　苍术、白术、猪苓、滑石、车前草各5～10克,煎汁内服。

方4　茯苓皮、大腹皮、猪苓、泽泻各5～10克,煎汁内服。

方5　灯芯草、淡竹叶、甘草各5～10克,煎汁内服。

方6　白茅根、小蓟根各10～20克,煎汁内服。

方7　玉米蕊、半边莲各15～30克,煎汁内服。

羔羊痢疾

【症　状】　病程急剧,病羔精神高度沉郁,食欲废绝,拱背,垂耳,下痢。粪稀如水,呈绿色、黄色或灰白色,恶臭,后期带血。病羔迅速消瘦死亡。病程一般为2～3天。

【治　疗】　可选用下列处方:

方1　马齿苋粉100克,干姜粉10克,混匀,加水1.5

升,煎熬至 1 升,加入红糖 200 克。每次灌服 20 毫升,每日 2 次,连用 3 日。

方 2　苦豆子根适量,以 5 倍水浸泡 8 小时,煮沸 40 分钟,过滤,药渣再加水煮沸 50 分钟,过滤,2 次药液混合,浓缩至含生药 1 比 1,密封备用。病羔每只每次内服 6～10 毫升,每日 2～3 次至病愈。

方 3　乌梅 45 克,僵蚕 15 克,煎汤,候温加醋 50 毫升。1 次灌服。

方 4　灶心土 500 克,枯矾 250 克。共研细末,加沸水 1 升,用纱布滤过,取汁候温。每只羔羊灌 20～30 毫升,每日 1 次,连用 2～3 日。

方 5　苦参 8～15 克,白头翁 6～12 克。共为末,开水冲服。

方 6　穿心莲 1～2 克,苦参 4～12 克,共为末,开水冲服。

方 7　黄连 1～3 克,白芍 1～3 克,共为末,开水冲服。

方 8　黄连 1～3 克,白头翁 3～10 克,共为末,开水冲服。

方 9　龙胆草 1～5 克,香附 5～12 克。共为末,开水冲服。

兔病毒性出血症(兔瘟)

【症　状】　本病是对家兔危害最大的一种急性烈性病毒性传染病。最急性型常未见任何症状而突然死亡。急性型体温升高(39.7～41.9℃),呼吸促迫(每分钟 140 次),心跳加速(每分钟 120 次),精神委顿,食欲减少或废绝。肛门排出胶冻样物,数小时至 2 日内死亡,死前抽搐、打滚、尖叫。缓和型体温 40～41℃之间,渴感增加,食欲大减,消瘦,最终衰竭死亡,只有少数耐过。

【治　疗】　除注射疫苗血清外,可选用下方:黄连 4 克,黄芩 3 克,黄柏 6 克,水煎服。

兔巴氏杆菌病(兔出血性败血病)

【症　状】　急性病例常在数日内死亡,有时不表现任何症状。慢性类型一般不会大批死亡。主要表现为鼻炎,初期鼻中流出水样分泌物,后变为脓性。病兔常打喷嚏。由于兔常用前爪擦洗嘴脸,病菌扩散,往往继发肺炎、结膜炎、角膜炎、皮下脓肿、乳房炎等并发症。

【治　疗】　除注射疫苗血清外,可选用下列处方:

方 1　威灵仙 5～10 克,鱼腥草 5～10 克,水煎服。

方 2　金银花 5～12 克,菊花 5～10 克,水煎服。

方 3　蒲公英 10～20 克,菊花 5～10 克,赤芍 5～10 克,水煎服。

方 4　黄连、黄芩各 3～5 克,黄柏 6～10 克,水煎服。

家兔痢疾

【症　状】　粪便不成型,带有脓样粘液,有时带血。病兔鼻端发干,两耳发凉,体温升高,有时可达 41℃以上。食欲不振或停食,体重下降,最后消瘦而死。

【治　疗】　可选用下列处方:

方 1　大蒜 2～4 瓣,捣碎加水浸泡,连同大蒜给兔 1 次灌服。

方 2　绿茶 2～3 克,加水 100 毫升,煎成 40～50 毫升的浓茶汁,每日 3～4 次灌服。

方 3　柿子把 2～3 个,加水煎汁内服。日服 2 次,连服 3～5 日。

鸭瘟(鸭病毒性肠炎)

【症　状】　病初体温急剧上升到 43℃ 以上,精神委靡,腿软,下痢,排出绿色或白色稀粪,流泪。部分病鸭头颈肿胀,俗称"大头瘟"。

【治　疗】　可选用下方:海金沙 1 千克,凤尾草 1 千克,小金钱 0.5 千克,灯笼草 0.5 千克;用水 5 升煎汤,供 100 只鸭饮服或拌料。连用 2～3 日。

鸭病毒性肝炎

【症　状】　雏鸭发病突然,两三天后就大批死亡,传播快,病程短。病鸭呆立瞌睡,不食,翅下垂,身体歪向一侧,两腿痉挛向后踢,头向后仰,角弓反张,间有腹泻。出现神经症状后几小时死亡。

【治　疗】　可选用下方:板蓝根 60 克,大青叶 70 克,枯矾 30 克,夏枯草 60 克,绿豆 150 克,甘草 90 克(以上为 100 只鸭用量)。水煎饮服或拌料,1 日 1 剂,连服 2～3 剂。

禽霍乱(禽巴氏杆菌病)

【症　状】　最急性者突然倒毙,无任何症状。急性者发高热,剧烈腹泻,排出黄色、灰白色、淡绿色或淡红色的粘性稀粪,呼吸困难,鸡冠及肉髯变成青紫色,最后昏迷痉挛,于 1～3 日内死亡。慢性者食欲减退,关节肿胀化脓,跛行,进行性消瘦,贫血,持续腹泻,鸡冠苍白,肉髯发炎肿大,鼻流粘液,鼻腔肿胀,喉部蓄积分泌物,影响呼吸,病程数周,病状呈间歇性发作。

【治　疗】　可选用下列处方：

方1　蒜2～3瓣,捣烂用香油调灌。

方2　紫花地丁2份,薄荷1份,共研细末。每次用1.8～2.4克,水调丸喂饲,每日3次,连用2～3日。

方3　穿心莲、血见愁各3克,水煎或研末,拌在面粉内,捻成小丸,1日分2次喂完。

鸡白痢

【症　状】　3～5日龄雏鸡多呈急性发病,食欲消失,被毛粗乱,呆立垂翅,断续下痢,粪先为粥状,后呈水样、白色,粘污肛门附近羽毛,干后将肛门堵塞,使排粪困难,1～3日内死亡。20～45日龄雏鸡发病率较低,很少死亡,但生长缓慢,发育不良,成为带菌者,是本病的传染来源,这种鸡产卵量少,贫血,常因腹膜炎而死。成年鸡一般不表现临床症状,成为隐性带菌者。

【治　疗】　可选用下列处方：

方1　大蒜捣烂或绞汁(可加木炭末少许),适量拌食喂饲。或大蒜30克,红糖62～93克,捣和如泥,每只鸡用绿豆大1丸内服。重者1日2次,轻者每日1次。

方2　大蒜捣碎加水10～20倍,每只鸡每次用0.5～1.0毫升,每日4次,连喂3日。

方3　马齿苋适量,熬汤拌料喂服或饮醋水(0.5千克醋加1.5升水)。

方4　1%～5%甘草水,饮服或1毫升灌服。

方5　蜂蜜30克,花椒15克,大黄、甘草各6克,加水200毫升煎汁100毫升,和入面粉做成小丸,每只小鸡1日喂

3次,每次1~3丸。也可煎汁两次,浓缩汁为30毫升,每鸡服3~5滴,或稀释3倍自饮。

方6 苦楝树皮30克研末,红糖适量煎汁300毫升,1次5滴内服。也可和入面粉内,作成绿豆大的小丸100粒,给小鸡早晚各服1~2粒。

方7 韭菜根、红糖各适量,煎汁,令鸡自饮或灌服。每日1剂,连用3日。

第十章 寄生虫病土偏方

蛔 虫 病

【症 状】 成年猪多为带虫者。以2~6个月的仔猪发病较多。幼虫侵袭肺部时一般表现咳嗽,呼吸加快,食欲减少,好卧地等。寄生成虫较多时,主要表现生长发育迟缓,瘦弱,重症者,腹部下垂,有的出现神经症状,乱跑或痉挛,并可造成肠阻塞或胆道蛔虫症,甚至引起肠破裂而死亡。

牛患蛔虫病常发生臌胀,特别是哺乳小牛更显著。有时发生腹痛及咳嗽,口内常有丙酮味及恶臭味。个别病例,可发生惊慌不安、沉郁及肌肉痉挛等神经症状。其他家畜患蛔虫病,与猪症状相似。

鸡蛔虫主要寄生在小肠,火鸡、珍珠鸡、孔雀体内也有寄生。虫体为5~11厘米长的黄白色线虫。幼虫钻入肠粘膜引起肠炎、粘膜水肿和出血。成虫在小肠吸收营养,分泌毒素,使鸡生长受阻。虫体多时,患鸡精神不振,羽毛蓬松,拉稀,贫血,消瘦。母鸡产蛋减少或停止。严重者肠道阻塞,可引起肠破裂,引发腹膜炎而致死。

【治　疗】　可选用下列处方:

方1　使君子、乌梅各35克,苦楝皮、槟榔、鹤虱各15克,共研细末。按猪每千克体重用1克,灌服,10日后再服1次。大群驱虫之前应先搞好试点。

方2　花椒30克,文火焙黄捣碎,乌梅30克,压碎混合后加温水调稀给猪灌服。

方3　花椒12克,麻油63毫升,先将油置锅内炼熟,再入花椒,待花椒炸至酥,去药渣,候温。仔猪1次喂服。治蛔虫性肠梗阻。

方4　食醋63毫升,加温。仔猪1次服。治胆道蛔虫病。

方5　南瓜子95～155克,研末,仔猪1次内服。

方6　槟榔3克,乌梅15个,石榴皮6克,共研细末。混饲料中,成猪1次吃下。仔猪酌减,牛用此量的6倍。

方7　使君子肉20克,乌梅15个,榧子肉15克,共研末。混饲料中,成猪1次吃下,仔猪酌减,牛用此量的6倍。

方8　白杨树根皮(刮去外皮晒干)10克,花椒6克,共研末。混入饲料中,成猪1次吃下,仔猪酌减。

方9　使君子、石榴皮各70克,百部15克,槟榔10～38克。研末,大畜1次调服。投药前停食12小时,投药4小时后,可投中等剂量的盐类泻剂。

方10　马齿苋250克,加水500毫升,煎至200毫升,加食盐少许,候温1次给犊牛灌服。

方11　黑芝麻200克,研碎生用,加冷开水750毫升,给犊牛1次灌服。

方12　石榴树皮50克,白杨树皮40克,贯众20～80克。上药研末,加温水1升,给犊牛1次灌服。

方 13　苦楝根皮 50 克,煎汁。空腹给猪 1 次灌服。

方 14　生丝瓜子 120 粒,去壳捣烂。供体重 25 千克猪 1 次内服。

方 15　胡萝卜 2.5 千克,切成丝,煮熟,取汤给体重约 15 千克的猪喂服。

方 16　使君子 10～30 克,研末,拌入少量玉米面。给猪 1 次喂服。

方 17　土荆芥全草 40 克,炒干,研成细末,早晨空腹用温开水冲药 20 克,给猪灌服。第二天再服 20 克。

方 18　空腹喂南瓜子 10～15 克,连喂 3 日。治兔蛔虫病。

方 19　贯众、使君子、槟榔各 30 克,巴豆仁 10 克。研末混合拌入饲料中喂或冲水灌服。兔每次 10 克。治兔蛔虫病。

方 20　用橡皮管将汽油(按每千克体重 2 毫升)注入鸡嗉囊,或灌服。治鸡蛔虫病。

方 21　按鸡饲料总量加入 2% 的烟草粉,每天上下午各 1 次,让鸡自由取食,连续喂给 1 周。1～2 个月后,进行第二次治疗。治鸡蛔虫病。

方 22　槟榔 124 克,苦楝皮 46 克,苦楝子皮 62 克,共研细末,混饲料中让鸡自食。

牛羊肝片吸虫病(肝蛭病)

【症　状】　急性病畜开始精神不振,腹部胀大,几天后死亡。慢性病畜表现衰弱无力、贫血、皮松、毛粗乱易断,以后食欲不振,牛颈下肉垂水肿,羊颌下水肿,严重者并有腹下水肿,有时眼结膜发黄,渐渐消瘦,病至后期,常有下痢,遇气候变化,常易死亡。

【治　疗】　可选用下列处方：

方 1　苏木 15 克，贯众 9 克，槟榔 12 克，水煎去渣，加白酒 60 毫升。羊 1 次灌服。

方 2　贯众 155 克，煎汁适量。牛 1 次灌服。

方 3　苏木 15 克，贯众、槟榔、龙胆草、木通、泽泻各 9 克，厚朴、草豆蔻各 6 克，水煎去渣。羊 1 次灌服。

方 4　槟榔，贯众，均干燥粉碎，等量混合备用。体重 200 千克以上的牛服 60 克；体重 100～200 千克服 45 克，体重 100 千克以下服 30 克。空腹时用凉开水冲服，连用 3 日为 1 疗程。

方 5　槟榔 10～70 克，龙胆草 20～40 克。研细末，温水冲调。牛 1 次灌服。

方 6　贯众 9～35 克，硫黄 10～30 克，水煎去渣，用米酒 250 毫升给牛 1 次冲服，连用 2 日，每日 1 剂。治牛肝片吸虫病。

马胃蝇蛆病（瘦虫病）

【症　状】　马胃蝇的幼虫爬行于舌、咽部粘膜时引起咳嗽，打喷嚏；寄生于胃时，刺伤胃粘膜，引起消化不良、贫血、消瘦和慢性肠炎。有时伴有疝痛。幼虫在直肠爬行和叮咬肛门，引起奇痒。

【治　疗】　可选用下列处方：

方 1　皂角 1 条，贯众 93 克，槟榔 62 克。将上药捣烂和黑豆 2 千克放在一起煮熟后取出药渣，每日喂服 500～750 克，连续喂完。可连喂 2 剂。

方 2　椿树子 250 克，苦楝根白皮 120 克。共为末，开水冲调，候温灌服。每日 1 剂，共用 1～2 剂。

方 3　槟榔 9～45 克,使君子 24～70 克,石榴皮 30～80 克。煎汁 1 次灌服。

混睛虫病

【症　状】　多为一侧眼患病,于眼前房液中可看到虫体的游动。患眼羞明、流泪,结膜和巩膜表层血管充血,角膜轻度混浊。患畜不安,头偏向一侧。

【治　疗】　最好是进行角膜穿刺术除去虫体。也可用下列处方:

方 1　烟油(烟管内的烟油)0.2 克,用凉开水 5 毫升稀释,点入患眼,只能用 1 次。治马牛混睛虫病。

方 2　烟油 20 克,冰片 2 克,混合后用白布包扎挤压,将过滤出的烟油涂入患眼内,1 次即可。不彻底时可隔数日再涂 1 次。治牛混睛虫病。

方 3　淡盐水 100 毫升滴入煤油 1～2 滴后洗眼。治牛混睛虫病。

方 4　苦楝树皮、鲜百部各 50 克。加水浓煎,滤取清药液滴患眼。治马牛混睛虫病。

吸吮线虫病

【症　状】　患眼羞明、流泪。眼睑浮肿并闭合,结膜潮红肿胀,食欲减退,性情变得暴躁。由眼内角流出脓性分泌物。角膜混浊,若不治疗,角膜便开始化脓并形成溃疡,严重时,可发生角膜穿孔。病程约 30～50 天。常在角膜面上发现虫体。

【治　疗】　可选用下列处方:

方 1　汽油或煤油 3 毫升,滴患眼。

方 2　烟叶 100 克,以 60℃常水 500 毫升浸泡 12 小时,用 4 层纱布过滤,以橡皮球吸取药液。每日 1 次冲洗双眼,最多 4 次即愈。

方 3　食盐 100 克烧红,研细末,装瓶备用。将牛眼睑翻开,撒入烧盐末少许,然后合闭眼皮,轻揉数下,一般虫体可随泪水流出。

方 4　明矾、甘草各适量。手压睛明穴(马在下眼睑泪骨上缘,内眼角外侧,两眼角内、中 1/3 交界处的皮肤褶上),提起瞬膜,用钝头镊子取出虫体,再用甘草煎汁,加少许明矾滴眼,每日 2～3 次,连用 2～3 日。

方 5　雄黄 10 克,冰片 1 克,共研极细末。用光滑火柴杆蘸湿后粘药点入患眼角,每日 2 次,用 1～2 日。

疥癣(螨病)

【症　状】　开始皮肤发红,生小疙瘩,患畜因搔痒磨擦损伤皮毛,局部常见脱毛、结痂或流黄水,患畜不安、消瘦、乏弱。

【治　疗】　治疗多为外部涂药,用药前应先清洗患部,除去痂皮,擦干。可选用下列处方:

方 1　硫黄、新鲜石灰面各等份,研末,菜油适量调膏涂患部,或石灰面 2 份,硫黄 3 份,水 50 份,煮 2～3 小时。用此药液擦患部,7 日涂 1 次。防患畜舔。

方 2　露蜂房 1 份,焙干研末,加大枫子 10 份,共捣成膏涂患部,7 日涂 1 次。防患畜舔咬。

方 3　苦参 4 份,花椒 1 份,加水煎汁洗患部,每次洗两三遍,隔 7 日洗 1 次。

方 4　烟叶 1 份,硫黄末 5 份,加水 200 份,泡 1 昼夜再煮开,捞去烟叶,至硫黄溶化即可。用药涂擦患部,每日 1 次,洗 2 日后,隔 7 日再洗 1 次。慎防患畜舔。

方5　废机油涂患部,每日1次。

方6　南瓜秧末6份,棉子油25份,调匀涂擦患部,每日1次。

方7　辣椒1份,烟叶3份,常水3～5份,混合后煮沸,浓缩至1～2份,滤去渣,使用时将药液加温到60～70℃。用毛刷逆毛涂于患部和患部四周的健部,1次只能涂擦整个体表的1/4～1/3。1～2日后再涂刷其他患部。

方8　狼毒500克,硫黄(煅)150克,白胡椒75克,共研细末。豆油500克煮开,稍凉,加入上述药粉50克,加热15分钟,待温使用。用时以带柄毛刷蘸药轻刷患部1次,不可反复多次涂擦,以免引起皮肤破溃。全身性疥癣分区用药,每3～5日涂药1次,每次涂药面积不得超过体表的1/3。如个别患部未愈,可再涂药1次。涂药后防止患畜啃咬,以免中毒。

方9　硫黄200克,黄柏100克,百部150克。共为细末,用植物油调成软膏,涂擦患部。

方10　狼毒、白矾各50克,花椒70克,共研细末,棉子油调涂患部。

方11　硫黄70克,石灰150克,花椒250克。煎汁洗患部。

方12　狼毒50克,生巴豆10克,共研细末,加植物油300毫升,混匀,涂抹患部。

方13　蛇床子、芫花各等份,共为细末,与猪油按2比1调成药膏,装入纱布袋内备用。治疗时用微火烤药袋,油漏纱布孔外时,立即擦患部。每日分片涂擦,每片3日擦1次,3次后停药。治马骡疥癣。

方14　百部研末,加5倍食油火熬,晾凉外涂。每日1次,连用3～8次。治马疥癣。

方 15　炮药（做鞭炮的黑色药面）、猪油各等份，锤打成膏，涂于患处。隔日 1 次，连涂 5～7 次。

方 16　硫黄 1 份，青黛 2 份，石膏 3 份。用阉公猪油调药末涂患部。

方 17　打破碗花（野棉花）适量，洗净泥沙，加水 1 倍煎煮，沸后续煎半小时，取滤液备用。患部剪毛、除痂后用药水洗匀洗透，隔日 1 次，连洗 2～3 次。

方 18　棉子油 300 毫升，百草霜 100 克。调成糊状，涂擦患部，每日 1 次，连涂 3～5 次。治牛疥癣。

方 19　将牛胎衣切成小块，置瓦上用文火焙成黄色，研为细粉，以适量植物油调成稀糊状，涂敷患部，每日 1 次，连用 2～3 次。治犊牛疥癣。

方 20　生石灰 2 份，清水 5 份拌匀，10 分钟后取上清液加入鲜青蒿 1 份，反复揉搓，使石灰水变为淡绿色后，取此青蒿渣石灰水一起涂擦患部。隔天用药 1 次，轻者用 1～2 次，重者连用 5 次。治牛猪疥癣。

方 21　曼陀罗根皮 500 克切成薄片，放入生菜油 1 升中浸泡 8 小时，然后置锅内微火煎炸，直到药片炸成黄黑色，滤出药片，加入白蜡 250 克熔化，药液呈糊状，凉后装瓶备用，保存期 1 年。用时涂患部后盖塑料薄膜，绳索捆紧，半小时后揭膜。每天处理 1 次，共 1～2 次。

方 22　烟叶 250 克，放入 2 升水中浸泡 24 小时弃渣，加入雄黄 60 克混合均匀，涂擦患部。每日 1 次，连用 3～4 次。治牛羊疥癣。

方 23　蜈蚣 1～2 条，焙干研末，拌入猪食喂之，1 日 1 剂，连用 3 剂。治猪疥癣。

方 24　塘底污泥涂患部及周围，每日 1 次至愈。治猪疥癣。

方 25　鲜松针微火焙干,研为细末,用菜油调拌成粘液状,分区分片擦患部。

方 26　狼毒 500 克,加酒 500 毫升浸泡,取液外擦患部。治猪疥癣。

方 27　鲜桃叶 500 克捣烂,与煤油 250 克和匀涂患部。每日 1～2 次,连涂 2～3 日。治猪疥癣。

方 28　豆油 500 毫升,溶入食盐 50 克。外涂疥癣处,治各种家畜疥癣。

方 29　鲜韭菜 300～500 克,洗净晾干水气后捣碎,绞汁涂擦患部。治各种家畜疥癣。

方 30　生石灰 15 千克,升华硫黄 12.5 千克。加水 20 升煮沸后,将上清液过滤,滤液内再加入热水 20 升,待温度冷至 40～35℃时药浴(绵羊浴前应先剪毛),共 3 次(第 1,7,34 日),每次 1～3 分钟。耗损的药液应随时补足。患畜浴前 8 小时禁食,给足饮水,须在暖和的晴天中午药浴,怀孕 2 个月以上者禁浴。

方 31　大蒜 40 克捣烂加常水 1 升搅匀,取上清液与硫黄 30 克、煤油 50 毫升(10 头仔猪量)充分混合后涂擦患部。

以下为治兔螨病方:

方 32　食醋 500 毫升,烟叶 50 克,混合煮开 10～15 分钟。涂擦患部,每日 2～3 次。

方 33　鲜百部 100～150 克切碎,加 60°白酒 100 毫升浸泡 1 周,去渣涂擦患部。

方 34　苦楝树皮烧成炭,研末拌猪油或凡士林,涂擦患处。

方 35　大枫子 1 份,硫黄 1 份,锅底灰 2 份,混合研末,加菜籽油或花生油调成糊状,涂抹患处。

方 36　花生油 70 克,红辣椒粉 4 克,炸成红色辣椒油,涂擦患处。

方 37　硫黄粉(升华硫黄粉)加植物油调成薄浆糊状备用。先用消毒液或肥皂水将耳内的癣痂润湿,彻底去除,然后洗净、吸干。取药糊满满地灌入耳内,严重的隔几日再治 1 次。

方 38　豆油 100 毫升煮沸,随后把雄黄 20 克加入油内,拌搅均匀,按上法注入耳内。每 2 日 1 次,2～3 次即愈。

方 39　大蒜捣汁,泡烧酒外擦。

方 40　幼兔患病,可剪净毛后用碱粉擦患处,连擦几日即愈。

方 41　硫黄 25 份,猪油 100 份,制成软膏,每周 1 次涂于患部。

方 42　鲜核桃果外层青皮,捣汁涂擦患部。

方 43　烟叶在倍量醋中泡 1 周后,取醋擦患部。

体　虱

【症　状】　虱寄生在耳后、颈下及肢的内侧较多。虱有锋利的口器,吸血,寄生严重时可使皮肤发痒,病畜禽焦躁不安,饮食欲均受影响。摩擦时使局部皮肤发生炎症、脱毛、变粗厚、结痂等。病畜禽逐渐消瘦贫血,生长发育迟缓。

【治　疗】　可选用下列处方:

方 1　用浓盐水涂擦有虱部分。

方 2　百部 62 克,浸 1 升烧酒中 24 小时后,滤出百部渣,用滤液涂擦患部。

方 3　烟叶 155 克,麻油 500 克,共炖热擦。

方 4　鲜核桃叶捣成糊状,擦有虱处。

方 5　烟叶 1 份,水 10 份,煮成汁,温涂有虱处,每日 1 次。

方 6　百部根、雷丸各等份,煎汁洗擦患部。

方 7　鲜桃树叶、棉子油涂擦有虱处。

方 8　食盐 50 克,溶于 100 毫升温水中,再加煤油 500 毫升,振荡均匀,涂擦体表。

方 9　百部 200 克,加水 1 升,煮沸 30 分钟,凉后涂擦。治畜禽体虱。

方 10　鱼藤粉 3 克,肥皂粉 2 克。加水 100 毫升,混合振荡成乳剂,外擦虱部,防止药液入眼。

方 11　胡麻油适量,在虱子寄生部位分片涂抹。治猪虱。

方 12　地瓜种粉 20 克,肥皂粉 3 克,水 100 毫升。将药混合,振荡成乳剂,外擦虱部。防止药液入眼。治猪虱。

方 13　白杨树皮、桃树皮各 3 份,煎浓汁,加煤油 1 份,涂擦患部。

方 14　硫黄粉、烟草粉各等量,混合后涂擦患部。治兔虱。

方 15　花椒 3 克,曼陀罗 30 克,百部 24 克,加水适量,煎两次,药汁混合后用药棉蘸药水刷病禽寄生部位的皮肤和羽毛。

方 16　除虫菊 1 份,白陶土 4 份,混合研细。用时以纸或布蘸药粉撒布于鸡的翅膀腋下。

方 17　吴茱萸少许,水煎汁,放冷后给病禽洗浴,可杀死羽虱。

球 虫 病

【症　状】　兔球虫病有肠球虫和肝球虫两种。肠球虫主

223

要侵害 20～60 日龄仔兔,多呈急性经过,死亡很快,拖延不死的病兔食欲差,腹部饱胀,下痢、贫血。肝球虫多发生于幼兔,肝脏肿大,肝区触痛,有腹水,被毛无光泽,眼球发紫,结膜苍白,消瘦,出现下痢时很快死亡。

鸡球虫急性病例精神不振,羽毛蓬松,缩颈呆立,严重下痢,排出带血稀粪,甚至含大量血液。鸡冠苍白,食欲不佳,嗉囊常有积食。大多数病雏发病后 6～10 日内死亡,死亡率可达 50%。

【治 疗】 可选用下列处方:

方 1 硫黄粉拌于饲料内,治疗量为饲料量的 2%,预防量为 1%。一般只喂 2～3 日。适用兔及家禽球虫病。

方 2 烟叶 1 份加水 100 份浸泡一昼夜,再煮沸 30 分钟,凉后供兔、鸡饮用。连续饮 20 日。

方 3 大蒜 1 份,洋葱 4 份,切碎拌入饲料中分 2 次喂。大兔每日 50 克,小兔每日 10 克,连喂 3～5 日。

方 4 常山(干)0.5～1.0 克,兔每日喂服 1 次,连喂 3～5 日。

方 5 青蒿(黄花蒿)3～9 克,研末喂服。治兔球虫病。

方 6 大蒜捣泥取汁,用注射器抽 3～5 毫升注入兔直肠内。注完后提高兔后躯,用手拍打腰背部。治兔球虫病。

方 7 旱莲草、苦参各等量,水煎汁或研末,每只鸡 1～3 克。治鸡球虫病。

家禽绦虫病

【症 状】 病禽下痢,粪便带血并有绦虫节片。食欲消失,喜饮水,精神委顿。

【治 疗】 可选用下列处方:

方 1　槟榔末,灌服,鸡鸭每只 1～2 克。

方 2　南瓜子粉,每只鹅 20～50 克,集体喂给或自由采食。喂前南瓜子需煮沸 1 小时脱脂。

方 3　石榴皮 100 克,槟榔 100 克,加水 1 升,煮沸 1 小时,煎至约 0.8 升。20 日龄幼鸭 1 毫升,30 日龄 1.5 毫升,30 日龄以上 2 毫升,混入饲料中喂,2 日内喂完。

方 4　向成年鸡嗉囊内注射或灌服汽油 1～3 毫升。

方 5　石榴皮 1 份,槟榔 2 份,雷丸 1 份,共研细末。每只鸡每次 2～3 克,每天早晨喂 1 次,共 2～3 次。

方 6　雷丸 4.8 克,加入 31 毫升醋中,干后研细,每只鸡 0.3～1.2 克。空嗉服。

方 7　烟叶 100 克,加水 500 毫升煎至 100 毫升,候凉备用。每只鸡喂 4 毫升,投药前停食半天,服药后 3 小时给食。间隔 1 周后再喂药 1 次。

方 8　雷丸(选个大坚实白色者)10 克,巴豆霜(巴豆去壳后用烧热的新砖夹碎、吸尽油)0.2 克,与芝麻 100 克共同捣均匀,为 10 只鸡 1 次量。早晨空腹时逐只喂服,避免多食中毒。

第十一章　解毒用土偏方

醉马草中毒

【症　状】　家畜中毒后口吐白沫,精神呆顿,腹胀,食欲减退或停食,步行不正,走路如醉。体温多升高,有时倒地不能立起,呈昏睡状。如刺伤角膜时则可失明。皮肤刺伤处,有血斑、浮肿、硬结或形成脓疡。一般经 24～46 小时恢复,少数因极度衰竭而死亡。慢性者逐渐消瘦,精神恍惚。

【治　疗】　加强护理,单独多喂糜草、胡萝卜,灌绿豆汤等帮助排毒解毒。中草药治疗可选用下列处方:

方 1　食醋 0.5～1.0 升。大畜 1 次内服,羊猪服此量的 1/3～1/2。

方 2　酸奶子 0.8～1.5 升。大畜 1 次灌服,羊用此量的 1/5。

方 3　酸菜水 1.0～1.8 升。牛 1 次灌服,羊用此量的 1/10～1/8。

方 4　食盐 185 克,水 1 升,混合溶化。大畜 1 次灌服,羊服此量的 1/5～1/4。

方 5　甘草 10 克,煎汁适量,加食醋 250 毫升,混合。羊 1 次灌服,大畜用此量的 5 倍。

方 6　食盐 40 克,乌梅 30 克,甘草 100 克,共煎汁 2 升。羊 1 日分两次内服。

方 7　绿豆粉浆渣 1 碗,山楂 50 克研末,加水适量煎开,候冷。大畜 1 次灌服。

方 8　白酒 100～250 毫升,加水适量内服。

毒芹中毒

【症　状】　病畜兴奋不安,阵发强直性痉挛,倒地,头向后仰,瞳孔散大,牙关紧闭,腹部皮肤有紫色斑点,步态不稳。反刍停止,口流涎,连发嗳气,呕吐,下痢,腹痛,膨胀。脉搏快,呼吸促迫。后期体温下降,常因呼吸中枢麻痹而死亡。

【治　疗】　中草药治疗可选择试用下列处方:

方 1　生甘草 100 克,绿豆 150 克,共煎汤 1.5 升。羊 1 日分 3 次内服。

方 2　茄子 250 克,木炭末 50 克捣碎混匀,开水冲调,候温。羊 1 次内服。

方 3　白矾、食盐各 120 克,共研末,开水冲化,候温。大畜 1 次内服。

方 4　萝卜、绿豆各 500 克,加水煎汤至豆烂离火,候温。大畜 1 次内服。

方 5　白矾、食盐各 15 克,双花、甘草各 30 克,煎汁适量。大羊 1 次内服。

方 6　豆浆或牛奶 200～500 毫升,1 次内服。

青杠树叶中毒

【症　状】　一般家畜在采食青杠树叶后数天至 1 周发病。开始食欲反常,很快就伴发腹痛综合征:表现为磨牙、不安、后退、后坐、回头顾腹等症状;粪干结而夹杂多量粘液。体躯下垂部位发生局限性皮下水肿,体腔积水。病程长短不一,多在出现临床症状后的第二周死亡。

【治　疗】　可试用下列处方:

方 1　鲜车前草(切细)250 克,鸡蛋(去壳)10 个,蜂蜜 250 克,菜油 300～600 毫升,混水适量调匀。牛 1 次灌服,连用 2～3 剂。

方 2　薤白(捣烂)250 克,菜油 100 克,调匀牛 1 次灌服。

方 3　酸菜水 1～2 升,大蒜(捣泥)30～70 克,调匀灌服。

方 4　烟叶 100～150 克,苦参、半夏各 50 克,上药切细加水煮沸 1.5 小时,取液 500 毫升候温,与胡麻油(250 克)、石灰水混合灌服。

方 5　大蒜(捣泥)100～200 克,胡麻油 300～500 克,混

合均匀。牛1次灌服。

羊踯躅(闹羊花)中毒

【症　状】　牛羊采食后4～5小时发病,首先表现为流涎(泡沫状),呕吐,精神稍差,步态不稳,严重者四肢麻痹,腹痛,呼吸促迫,最后由于呼吸麻痹而死亡。

【治　疗】　可试用下列处方治疗:

方1　绿豆200～500克,金银花60～150克,葛根100～300克。共煎汤灌服。

方2　鲜松针叶300～1500克。水煎灌服。日服2次,直至痊愈。治牛羊闹羊花中毒。

亚硝酸盐中毒

本病实质上是亚硝酸盐引起的一种高铁血红蛋白血症。

【症　状】　多见于猪和牛。常在吃了调制不当的饲料后马上发病,病畜发抖,痉挛,走路不稳,有时转圈。口吐白沫,呼吸急促,腹痛,可视粘膜及皮肤初期苍白,后期呈蓝紫色,瞳孔散大。四肢和耳根发凉,体温下降,剪耳或断尾不流血或流少量黑紫色血。牛常发生臌胀,重者倒地,痉挛,四肢不断划动。发病急,死亡快。

【治　疗】　中草药治疗可选用下列处方:

方1　患病后立即剪耳、断尾放血,并用冷水淋头。

方2　绿豆500克,加水适量,共捣成浆,加菜油或胡麻油120毫升。猪1次内服。

方3　石灰面50克,加水1升,溶化后取上清液500毫升。猪1次内服。

方4　雄黄6克,大蒜1头,捣碎,开水冲调。猪1次内服。

方5　牛奶500毫升,与3个鸡蛋的蛋清混合。猪1次内服。

方6　绿豆100克,甘草60克,煎汁适量。猪1次内服,牛用6倍量。

方7　糯稻草灰500克,开水浸泡,滤汁去渣。猪1次内服。

方8　老腌菜水500毫升,猪1次灌服。

方9　十滴水。按50千克体重用4支,猪1次灌服。

氢氰酸中毒

【症　状】　食后突然发病,病初兴奋不安,流涎,精神不振,腹痛,心跳加快,张嘴伸颈,呼吸困难,可视粘膜及皮肤呈青紫色。后期粘膜及皮肤发白,瞳孔散大,四肢强直性痉挛,心力衰竭,很快死亡。死后尸体长期不腐败,血液凝固不良,呈鲜红色。气管、支气管粘膜有出血点,口腔内有带血的泡沫。

【治　疗】　中草药治疗可选用下列处方:

方1　银花70克,菊花65克,蒲公英25克,紫花地丁20克,甘草60克,共研末,开水冲调。羊猪1日分2次内服,大畜服5倍量。

方2　二花60克,绿豆500克,加水3升煎汤2升。连渣给牛内服。

方3　绿豆250克,铁锈(氧化铁)6克,甘草65克,加水煎汤适量。猪羊1次内服。

方4　汉防己40克,白糖100克,共煎汁适量。羊1次内服。

方5　甘草100～200克,二花30～60克,加水适量煎沸,和绿豆(磨浆)300～500克,加3～7个鸡蛋的蛋清,大畜1次灌服。

方6　陈麦糠100～200克,水煎。羊1次灌服。

食盐中毒

【症　状】　病畜极度口渴,口流白沫,呕吐,粘膜潮红,瞳孔散大,腹痛拉痢。牛主要表现消化紊乱,粪中有粘液和血液,不吃不反刍,多尿及四肢麻痹,鼻流清涕。猪除上述症状外,主要表现神经症状,衰弱,肌肉发抖,磨牙,心跳快,呼吸困难,昏迷甚至死亡。

【治　疗】　可选用下列处方:

方1　茶叶30克,菊花35克,煎汁适量,候温。猪1次内服,1日2次,连服数日。治食盐中毒心脏衰弱。

方2　萹蓄、瞿麦各60克,煎汁适量。猪1次内服。

方3　豆油60～120毫升,烧开候温,加白糖150克,调匀。猪1次内服。

方4　食醋1.5升。大畜1次内服,猪羊酌减。

方5　白糖300克,水0.5～1.0升,混合溶化。大畜1次内服,猪羊酌减。

方6　胆矾0.5～1.0克,开水300毫升溶化,候温。大猪1次内服。

方7　甘草30～60克,绿豆120～250克,水煎候温。供羊猪饮服。

方8　蓖麻油,牛400～500克,羊猪50～100克,1次内服。另用温水反复灌肠。

方9　茶叶30～60克,车前草200～500克,马齿苋300～600克。加水适量,煎汁,大猪1次内服。

方 10　茶叶 30～70 克,葛根 40～100 克。煎汁,大猪 1 次内服。

方 11　生萝卜叶切碎挤汁,猪 1 次灌服 200 毫升。

方 12　菜油 100 毫升内服,半小时后再服食醋 50 毫升。以上为 30 千克体重小猪量。

方 13　醋、酒各 50～100 毫升。大猪 1 次内服。

方 14　甘草 500 克,加常水 2 升,煎煮 40 分钟,候温加入食醋 200 毫升。大猪每次灌服 500 毫升,每日 1 次,连服 2 日。

方 15　绿豆 400～500 克,加水煎煮 30 分钟。马牛连汤一并 1 次灌服。猪羊灌服全量的 1/5。

酒糟中毒

【症　状】　病畜精神不振,食欲欠佳,体温升高,皮肤青紫,体表有皮疹,呈顽固性胃肠炎,先便秘后下痢,四肢麻痹,卧地不起,有的兴奋不安。严重病畜呼吸困难,皮肤肿胀、坏死。怀孕母猪常发生流产。

【治　疗】　可选择试用下列处方:

方 1　白糖 500 克,水冲化。牛 1 次内服,猪用此量的 1/8～1/5。

方 2　瓜蒌根 12 克,葛根 24 克,金银花 15 克,煎汤适量,加蜂蜜 60 克调化,候温。大猪 1 次内服,马牛用 5～8 倍量。

方 3　小苏打 35 克,水 3 升,溶化。大畜徐徐灌服或灌肠,猪用此量的 1/6。

方 4　黑豆 65 克,加水适量煎汁。猪 1 次内服。

方 5　米醋 50 毫升,白糖 30 克,开水适量冲调,候温。羊

1 次灌服。

方 6　鲜葛根榨汁,牛 1 次 500～800 毫升,猪 1 次 100～200 毫升灌服。

发霉饲料中毒

【症　状】　主要症状为急性胃肠炎和神经紊乱。首先出现精神不振,消化不良,肠鸣如雷,粪便稀软或呈粥样,并且常混合粘液和血液,有时发生疝痛。体温、脉搏、呼吸多无变化,口腔糜烂或溃疡,流涎,牛的鼻镜干燥,发生臌胀,泌乳停止。有时也出现皮疹和蹄炎。

【治　疗】　选择试用下列处方:

方 1　芒硝 150 克,苏打 100 克,食盐 60 克,开水冲调,候温。大畜 1 次灌服。用于中毒初期。

方 2　每天多次用 1% 的温食盐水灌肠。

方 3　甘草 250 克,绿豆 200 克,木炭末 100 克,共研末,开水冲调,候温。牛 1 次灌服。

方 4　芫花、大戟、甘遂各 50 克,芒硝、滑石各 250 克,共为细末,开水冲调,候温。大畜 1 次灌服,中小畜酌减,忌盐百日。本方适用于霉草料中毒引起的臌胀。

方 5　二花 50～120 克,黄连 20～30 克,蒲公英 50～150 克,共为末,开水冲调,候温加入生麻油 200～500 毫升。大畜 1 次灌服。

方 6　连翘 25～70 克,二花 30～80 克,绿豆 100 克,甘草 20 克,共为末,开水调。大畜 1 次灌服。

方 7　豆浆 5 升,大畜 1 次内服。治霉玉米中毒。

方 8　白胡椒 20～30 克,白酒 200～300 毫升。牛 1 次灌服。治霉稻草中毒。病初对肿胀患肢热敷、按摩。

方 9　白糖 300～600 克,胡麻油 300～500 毫升,鸭蛋(去壳)5～12 个,泡菜盐水 100～250 毫升,加水 1～2 升,调匀后大畜 1 次灌服,每日 1 剂,连服 2 剂。治霉稻草中毒。

方 10　茶叶 20～30 克、甘草 10～15 克,煎汁,然后加大蒜秆 80～100 克、生青蒿 70～100 克煎沸 3～5 分钟,将药汁与生石灰水(生石灰 200～400 克,对水 2～4 升,搅匀取澄清液备用)混合灌服。治牛霉稻草中毒。患肢肿胀溃烂的,用雄黄、大黄各 32 克,天南星 16 克,大蒜 30 克,混合捣烂加少量白酒包敷患部。

黑斑病甘薯中毒

【症　状】　家畜吃了一定量的黑斑病、软腐病、象皮虫病甘薯,均可引起中毒。多发生于牛,羊次之,猪亦有发生。主要特征为呼吸困难,急性肺水肿及间质性肺气肿,后期引起皮下气肿。牛中毒多突然发生,表现精神沉郁,肌肉震颤,食欲及反刍减退,粪便干燥带血,最后痉挛而死。俗称"牛喘病"或"喷气病"。

【治　疗】　可试用下列处方:

方 1　芒硝 200～500 克,加水 1.5～4.0 升,大牛 1 次灌服。

方 2　木炭末 50～100 克,加水给大牛灌服。过一定时间待木炭末吸附毒物后,再用芒硝 200～500 克,溶于 2～5 升微温水中,大牛 1 次灌服。

方 3　鲜水菖蒲(臭蒲)2 千克捣烂,水煎取汁,大牛每日分 2 次灌服。日服 1 剂,连服 3～4 日。

方 4　水菖蒲 0.5～1.0 千克(鲜品用 2 千克),地龙 100 克,水煎去渣,候温,大牛 1 次灌服。

方 5　石菖蒲(九节菖蒲)、鱼腥草各 250 克,共切细或捣烂,用淘米水大牛 1 次灌服。日服 2 剂,早晚各 1 次,连用 3 日。

方 6　鲜石灰 200～300 克,加入 2～3 升水中搅匀,取上清液与鲜水菖蒲根(捣泥)500 克混合,大牛 1 次灌服。

方 7　二花 70～150 克,生石膏 100～200 克,樟树根 50～100 克,甘草 15～30 克,共水煎取汁;绿豆 300～500 克,磨成豆浆,混合供大牛 1 次灌服。

方 8　茶叶 200～250 克,捣碎,加水煎煮。大牛连渣 1 次灌服。

方 9　食盐 50 克,黄泥 500 克,盐蒜、豆豉各 300～500 克,灯芯草 30～60 克,将食盐和入黄泥中做成 10 个泥丸,置火中烧红后投入灯芯草、豆豉、盐蒜所熬制的药水中,去其渣及泥丸,取汁灌服。牛每日 2 次,2 日服完。

方 10　黄土、生石灰各 500 克(200 千克体重的药量),分别加水 5 升搅匀澄清,取上清液混合,大牛 1 次灌服。然后用 100 克绿豆磨成浆(不煮)灌服。

方 11　生姜(捣泥)、红糖各 250 克,加温水适量。大牛 1 次灌服。

有机氯农药中毒

【症　状】　病畜主要表现为神经系统和胃肠道受侵害的病变。食欲停止,流涎,出汗,全身震颤,呼吸促迫,痉挛。后肢或四肢麻痹。呕吐,下痢,尿少,带棕红色。严重者结膜呈蓝紫色,瞳孔散大,口吐白沫。

【治　疗】　首先应防止有毒物质继续被吸收,将沾染滴滴涕、六六六等有机氯杀虫剂的皮肤,用肥皂水洗净;经口中

毒者可用 1‰ 食盐水洗胃,加强护理。并可选用下列处方:

方 1　绿豆面 500～1 000 克,甘草末 30～65 克,白糖 300～500 克,开水冲调,候温。大畜 1 次内服。

方 2　甘草 75 克,金银花 35 克,共研末,开水冲调。羊 1 次内服。

方 3　防风 35 克,甘草 40 克,研末。给猪 1 次混饲。

方 4　白糖 500 克,鸡蛋 10 个,水 1 升调匀。大畜 1 次内服。

方 5　熟石灰 100 克,凉开水 1.5 升,混合溶解后,取上清液。大畜内服。

方 6　鸡蛋 500 克,绿豆 1 千克,共同捣烂,加水适量调匀。大畜 1 次内服。

方 7　当归 93 克,大黄、白矾各 31 克,甘草 16 克,水煎汁,候温。大畜 1 次内服。

方 8　生绿豆面 500 克,加水调成糊状,与 10 个鸡蛋(用蛋清)、300 克白糖混合。大畜 1 次灌服。

方 9　鲜苦瓜叶 500 克,捣烂呈糊状,大牛用 1/5 内服,4/5 涂擦畜体接触有机氯杀虫药的皮肤。日服药 2 次,擦数次。

方 10　甘草 70 克研末,与芭蕉汁 250 克混合。大畜 1 次灌服。

方 11　病禽有机氯农药中毒可内服石灰水(石灰 3 克,冷水 1 升,搅拌溶解,取用上清液)。此方也适用尿素中毒。

砷 中 毒

【症　状】　食欲减退,下痢,有时粪便混有血液。可视粘膜充血,齿龈呈暗黑色。瞳孔散大,精神沉郁,四肢无力。初期体温上升,其后下降,心悸亢进,呼吸困难而促迫。

【治　疗】　可试用下列处方:

方1　防风60～150克,研成细末,大畜冷水冲服。

方2　绿豆300～500克,甘草30～60克,同煎汁,大畜1次灌服。

方3　10～20个鸡蛋(用蛋清),大畜1次灌服。

方4　牛奶或豆浆0.5～2.0升,加水适量,大畜1次灌服。

方5　防风、二花各100～250克,研末,加水适量。大畜1次灌服。

方6　小苏打50～200克,加多量水,大畜1次灌服。

方7　滑石粉100～250克,甘草60～200克,大畜加水投服。

方8　鸡蛋10～15个(用蛋清),白糖150～300克,大畜加水投服。

方9　防风100～200克,加水煎煮,去渣,加入青黛50～100克,候温再加8～12个鸡蛋的蛋清。大畜1次灌服。

汞 中 毒

【症　状】　病畜发生溃烂口炎及胃肠炎,流涎,呕吐,下痢,疝痛。呕吐物和粪便中混有血液及粘液。牙齿松脱,颚骨坏疽,唾液腺肿胀。血行障碍,虚脱乃至死亡。体温初升高,尔后下降。

【治　疗】　试用下列处方:

方1　牛奶或豆浆0.5～2.0升,大畜1次灌服。

方2　木炭末50～100克,大畜加水灌服。

方3　10～20个鸡蛋(用蛋清),大畜加水拌匀后灌服。

方 4　升华硫黄研末,加水 1 次灌服。马牛 20～50 克,猪羊 5～10 克。

方 5　亚麻仁油 300～500 毫升,大畜 1 次灌服。

方 6　牛奶 500～1 000 毫升,氧化镁 25～50 克,混合给大畜 1 次灌服。

有机磷农药中毒

【症　状】　病畜误食或接触喷过有机磷农药(对硫磷、内吸磷、甲拌磷、乐果等)的青草、蔬菜,出现恶心、呕吐症状,全身无力。严重者大出汗,吐白沫,骚扰不安。皮肤苍白,呼吸困难。瞳孔缩小,全身抽搐,昏迷不醒,大小便失禁,最后死亡。

【治　疗】　可选用下列处方:

方 1　甘草、滑石各 120 克,明矾 70 克,绿豆 250 克,共研末。加水适量,大畜 1 次调服。

方 2　甘草 70～150 克,绿豆 300～500 克。共研末,开水冲调候温,牛 1 次灌服。

方 3　甘草 100～200 克,鸡蛋 10 个(用蛋清),生麻油 300～500 毫升。大畜 1 次调服。

方 4　绿豆(磨粉)300～500 克,甘草末 100～250 克,滑石 80～120 克,白糖 200～300 克。上药混合,加水供大畜 1 次调服。

方 5　二花、甘草各 100～200 克,绿豆 300～500 克。共研末,开水冲,大畜 1 次调服。

方 6　仙人掌 40～80 克,捣碎加水,给猪 1 次调服。

方 7　病禽可速灌 2% 胆矾溶液适量。

磷化锌中毒

【症　状】　病畜误食磷化锌鼠药后，口腔粘膜和咽喉糜烂，口干舌燥，恶心，呕吐，随即昏倒，全身痉挛，不久麻痹或瘫痪，最后窒息死亡。

【治　疗】　中毒期间多次饮水，并用微温肥皂水灌肠2～3次，并可试用下列处方：

方1　芒硝300～500克，加水3～5升，大畜1次调灌。

方2　植物油300～500毫升，大畜1次灌服。

方3　仙人掌50克，捣碎后加水适量。猪1次灌服。

方4　明矾加水适量，1次灌服。大畜20～50克，羊猪8～15克。

蛇毒中毒

【症　状】　咬伤局部迅速肿胀、发红，很快蔓延全肢。呼吸促迫，脉搏频数，呻吟，全身战栗或痉挛。四肢麻痹不能起立。终因呼吸和心血管中枢神经麻痹而死亡。

【紧急处置】　尽快对咬伤部位进行绑扎（隔一定时间放松1次），随后用清水、凉开水、肥皂水、1比5 000高锰酸钾水冲洗伤口。冲洗后用消毒小刀挑破伤口使毒液外流，伤口内如有毒牙应取出。若肢体有肿胀，经扩创后行压挤排毒，也可拔火罐抽吸毒液。在扩创的同时向创内和周围组织点状注射1%高锰酸钾水、双氧水等1～2毫升。对咬伤部位进行烧烙。

【治　疗】　可选用下列处方：

方1　独角莲（禹白附）根，加醋磨烂，涂于咬伤的局部四周，每日上下午各涂1次。

方2　蜈蚣适量研末，加猪胆调匀，涂创面。

方 3　雄黄 1 克,酒精 100 毫升,麝香(米粒大)1 粒,七叶一枝花 200 克。用三棱针乱刺肿胀的患部出黄水或出血,外擦 1% 的雄黄酒精。将天门穴(牛在两耳根背侧连线正中、枕寰关节间的凹陷中,1 穴)划破,在皮下埋植麝香,然后胶布固定,尾尖划破出血。其次将七叶一枝花研细,1 次灌服,连服 3 日。雄黄酒精 1 日擦 3 次。

方 4　雄黄 30 克(研末),青黛 60 克,凉开水 2.5 升。先将青黛与水拌匀,然后再与雄黄粉调匀。取 100 毫升慢慢点伤口处,其余慢慢灌服。

方 5　四季青 50~100 克。将四季青连根拔起洗净,将根外皮打绒对入人的唾液调匀,视伤口大小包敷。1 日 1 换,一般 2~3 次。

方 6　青蒿 150~300 克,加常水 1~2 升,煎熬至 0.7~1.5 升。大畜 1 次灌服 0.5~1.2 升,其余药水和渣,洗搽患部。

附录 I

不同种类畜禽用药剂量比例关系表

畜别	体重(千克)	比例	畜别	体重(千克)	比例
马	300	1	羊	40	1/6~1/5
牛	300	1~1.5	犬	15	1/16~1/10
驴	150	1/3~1/2	禽	1.5	1/40~1/20
猪	60	1/8~1/5			

附录 II

不同年龄家畜用药剂量比例关系表

马		牛		猪		羊		犬	
年龄	比例	年龄	比例	年龄	比例	年龄	比例	年龄	比例
3~19岁	1	3~14岁	1	10个月以上	1	1岁以上	1	0.5岁以上	1
20岁以上	$\frac{1}{2}$~$\frac{3}{4}$	15岁以上	$\frac{1}{2}$~$\frac{3}{4}$	6~10个月	$\frac{3}{4}$~1	6~12个月	$\frac{1}{4}$~1	4~6个月	$\frac{1}{2}$
2~3岁	$\frac{1}{2}$~1	2~3岁	$\frac{1}{2}$~1	3~6个月	$\frac{1}{4}$~$\frac{3}{4}$	1~6个月	$\frac{1}{10}$~$\frac{1}{4}$		
1~2岁	$\frac{1}{8}$~$\frac{1}{2}$	1~2岁	$\frac{1}{8}$~$\frac{1}{2}$	1~3个月	$\frac{1}{8}$~$\frac{1}{4}$				
1~12个月	$\frac{1}{16}$~$\frac{1}{8}$	1~12个月	$\frac{1}{16}$~$\frac{1}{8}$						

附录 Ⅲ

不同给药途径用药剂量比例关系表

给药途径	剂量比例关系	给药途径	剂量比例关系
内 服	1	肌肉注射	$\frac{1}{4} \sim \frac{1}{3}$
直肠给药	$1\frac{1}{2} \sim 2$	静脉注射	$\frac{1}{4}$
皮下注射	$\frac{1}{3} \sim \frac{1}{2}$	气管内注射	$\frac{1}{4}$

附录 Ⅳ

健康畜禽体温、脉搏、呼吸数

畜 别	正常体温 (℃)	正常脉搏数 (次/分)	正常呼吸数 (次/分)
马、骡	37.5～38.5	30～40	8～16
驴	37.0～38.0	40～50	8～16
牛	37.5～39.5	50～60	10～30
山羊、绵羊	38.0～40.0	70～80	12～20
猪	38.0～39.5	60～80	10～20
兔	38.5～39.5	120～140	50～60
鸡	40.0～42.0	120～200	22～25
鸭	41.0～43.0	120～200	15～30
鹅	40.1～41.0	120～200	雄性 13～20 雌性 30～40
犬	37.5～39.0	70～120	10～30

主要参考文献

1 裴文炳,王钧昌．畜禽病土偏方治疗集．银川:宁夏
人民出版社,1982.6

2 于船,张立群．中国兽医秘方大全．太原:山西科学
技术出版社,1992.8

3 于匆,高全中．实用兽医诊疗学．哈尔滨:黑龙江人
民出版社,1976.10. 第二版

4 中国人民解放军兽医大学．兽医手册．长春:吉林人
民出版社,1983.4. 第三版

5 北京市农业服务站,北京市农业科学研究所．农村兽
医手册．北京:农业出版社,1971.7

金盾版图书,科学实用,
通俗易懂,物美价廉,欢迎选购

优良牧草及栽培技术	7.50 元
菊苣鲁梅克斯籽粒苋栽培技术	5.50 元
北方干旱地区牧草栽培与利用	8.50 元
牧草种子生产技术	7.00 元
牧草良种引种指导	13.50 元
退耕还草技术指南	9.00 元
草地工作技术指南	55.00 元
草坪绿地实用技术指南	24.00 元
草坪病虫害识别与防治	7.50 元
草坪病虫害诊断与防治原色图谱	17.00 元
实用高效种草养畜技术	10.00 元
饲料作物高产栽培	4.50 元
饲料青贮技术	5.00 元
青贮饲料的调制与利用	6.00 元
农作物秸秆饲料微贮技术	7.00 元
农作物秸秆饲料加工与应用(修订版)	14.00 元
中小型饲料厂生产加工配套技术	8.00 元
常用饲料原料及质量简易鉴别	13.00 元
秸秆饲料加工与应用技术	5.00 元
草产品加工技术	10.50 元
饲料添加剂的配制及应用	10.00 元
饲料作物良种引种指导	4.50 元
饲料作物栽培与利用	11.00 元
菌糠饲料生产及使用技术	7.00 元
配合饲料质量控制与鉴别	14.00 元
中草药饲料添加剂的配制与应用	14.00 元
畜禽营养与标准化饲养	55.00 元
家畜人工授精技术	5.00 元
实用畜禽繁殖技术	17.00 元
畜禽养殖场消毒指南	8.50 元
现代中国养猪	98.00 元
科学养猪指南(修订版)	23.00 元
简明科学养猪手册	9.00 元
科学养猪(修订版)	14.00 元
家庭科学养猪(修订版)	7.50 元
怎样提高养猪效益	9.00 元
快速养猪法(第四次修订版)	9.00 元
猪无公害高效养殖	12.00 元

奶牛健康高效养殖	14.00 元	晋南牛养殖技术	10.50 元
奶牛挤奶员培训教材	8.00 元	农户科学养奶牛	16.00 元
奶牛饲料科学配制与		牛病防治手册(修订版)	12.00 元
应用	15.00 元	牛病鉴别诊断与防治	10.00 元
奶牛疾病防治	10.00 元	牛病中西医结合治疗	16.00 元
奶牛胃肠病防治	6.00 元	疯牛病及动物海绵状脑	
奶牛乳房炎防治	10.00 元	病防制	6.00 元
奶牛无公害高效养殖	9.50 元	犊牛疾病防治	6.00 元
奶牛实用繁殖技术	6.00 元	肉牛高效养殖教材	5.50 元
奶牛肢蹄病防治	9.00 元	优良肉牛屠宰加工技术	23.00 元
奶牛配种员培训教材	8.00 元	西门塔尔牛养殖技术	6.50 元
奶牛修蹄工培训教材	9.00 元	奶牛繁殖障碍防治技术	6.50 元
奶牛防疫员培训教材	9.00 元	牛羊猝死症防治	9.00 元
奶牛饲养员培训教材	8.00 元	现代中国养羊	52.00 元
肉牛良种引种指导	8.00 元	羊良种引种指导	9.00 元
肉牛无公害高效养殖	11.00 元	养羊技术指导(第三次	
肉牛快速肥育实用技术	16.00 元	修订版)	15.00 元
肉牛饲料科学配制与应		农户舍饲养羊配套技术	17.00 元
用	10.00 元	羔羊培育技术	4.00 元
肉牛高效益饲养技术		肉羊高效养殖教材	6.50 元
(修订版)	15.00 元	肉羊高效益饲养技术	8.00 元
肉牛饲养员培训教材	8.00 元	南方肉用山羊养殖技	
奶水牛养殖技术	6.00 元	术	9.00 元
牦牛生产技术	9.00 元	肉羊饲养员培训教材	9.00 元
秦川牛养殖技术	8.00 元	怎样养好绵羊	8.00 元

　　以上图书由全国各地新华书店经销。凡向本社邮购图书或音像制品，可通过邮局汇款，在汇单"附言"栏填写所购书目，邮购图书均可享受 9 折优惠。购书 30 元(按打折后实款计算)以上的免收邮挂费，购书不足 30 元的按邮局资费标准收取 3 元挂号费，邮寄费由我社承担。邮购地址：北京市丰台区晓月中路 29 号，邮政编码：100072，联系人：金友，电话：(010)83210681、83210682、83219215、83219217(传真)。